现代林业生态工程建设理论研究

陈建义　王永久　史瑞军◎著

吉林科学技术出版社

图书在版编目（CIP）数据

现代林业生态工程建设理论研究 / 陈建义，王永久，
史瑞军著. -- 长春：吉林科学技术出版社，2022.9
ISBN 978-7-5578-9674-4

Ⅰ．①现… Ⅱ．①陈… ②王… ③史… Ⅲ．①林业－
生态工程－研究－中国 Ⅳ．①S718.5

中国版本图书馆 CIP 数据核字(2022)第 195041 号

现代林业生态工程建设理论研究

著	陈建义　王永久　史瑞军
出 版 人	宛　霞
责任编辑	张伟泽
封面设计	金熙腾达
制　版	金熙腾达
幅面尺寸	185 mm×260mm
开　本	16
字　数	243 千字
印　张	10.75
版　次	2022 年 9 月第 1 版
印　次	2023 年 3 月第 1 次印刷

出　版　吉林科学技术出版社
发　行　吉林科学技术出版社
地　址　长春市净月区福祉大路 5788 号
邮　编　130118
发行部电话/传真　0431-81629529　81629530　81629531
　　　　　　　　　81629532　81629533　81629534
储运部电话　0431-86059116
编辑部电话　0431-81629518
印　刷　三河市嵩川印刷有限公司

书　号　ISBN 978-7-5578-9674-4
定　价　65.00 元

前　言 🌳

　　地球的起源，生物的进化，特别是人类社会发展的历史都直接或间接地证明：社会、经济的进步必须走可持续发展道路。在实施可持续发展战略的进程中，必须赋予生态建设重要位置，而在生态建设中，林业不容置疑地占据首席地位。林业，古老而年轻，无论人们注意不注意，它都在生态建设中，在社会经济可持续发展中，发挥着无可替代的基石作用。

　　跨入新世纪，社会对生态环境的关注达到前所未有的程度，改善生态环境日渐成为社会对林业的主导需求。随着国家可持续发展战略和西部大开发战略的实施，以六大林业重点工程的全面启动为标志，我国林业进入一个以可持续发展理论为指导，全面推进跨越式发展的新阶段。加强生态建设成为林业工作的主要任务，天然林资源受到严格保护，木材生产逐步由以采伐天然林为主转向以采伐人工林为主，大规模的退耕还林渐次展开，森林生态效益补偿制度开始实施，全社会办林业形成气候，林业正在经历着一场由木材生产为主向以生态建设为主转变的历史性变革。

　　本书是现代林业生态工程建设的著作，主要研究现代林业生态建设。本书从现代林业的基本理论介绍入手，针对我国现代林业的现状、概念及林业建设的总体布局进行分析研究；另外对现代林业生态工程建设与管理、水土保持与火灾预防、有害生物的综合治理等做一定的介绍；还对森林资源建设、现代林业技术推广与创新及碳汇林业进行剖析。旨在摸索出一条适合现代林业生态建设的科学道路，帮助其工作者在应用中少走弯路，运用科学方法，提高效率，对现代林业生态工程建设理论研究有一定的借鉴意义。

　　在本书的撰写过程中，得到许多相关单位和国内外专家的指教，以及许许多多生态工程建设与实践者的帮助，在此一并致谢！但限于水平及时间所限，书中难免出现纰漏，望读者不吝赐教，以期完善。

目 录

第一章

现代林业基本理论

第一节　我国林业资源功能

一、我国林业的资源分布

（一）森林资源

林业资源的核心是森林资源，根据《中国森林资源状况》，在行政区划的基础上，依据自然条件、历史条件和发展水平，把全国划分为东北地区、华北地区、西北地区、华中地区、华南地区、华东地区和西南地区，进行森林资源的格局特征分析。

1. 东北地区

东北林区是中国重要的重工业和农林牧生产基地，包括辽宁、吉林和黑龙江省，跨越寒温带、中温带、暖温带，属大陆性季风气候。除长白山部分地段外，地势平缓，分布有落叶松、红松林及云杉、冷杉和针阔混交林，是中国森林资源最集中分布区之一。

2. 华北地区

华北地区包括北京、天津、河北、山西和内蒙古。该区自然条件差异较大，跨越温带、暖温带，以及湿润、半湿润、干旱和半干旱区，属大陆性季风气候。分布有松柏林、松栎林、云杉林、落叶阔叶林，以及内蒙古东部兴安落叶松林等多种森林类型。除内蒙古东部的大兴安岭为森林资源集中分布的林区外，其他地区均为少林区。

3. 西北地区

西北地区包括陕西、甘肃、宁夏、青海和新疆。该区自然条件差，生态环境脆弱，境内大部分为大陆性气候，寒暑变化剧烈，除陕西和甘肃东南部降水丰富外，其他地区降水量稀少,为全国最干旱的地区,森林资源稀少,森林覆盖率仅为8.16%,森林主要分布在秦岭、大巴山、小陇山、洮河和白龙江流域、黄河上游、贺兰山、祁连山、天山、阿尔泰山等处，以暖温带落叶阔叶林、北亚热带常绿落叶阔叶混交林以及山地针叶林为主。

4. 华中地区

华中地区包括安徽、江西、河南、湖北和湖南。该区南北温差大，夏季炎热，冬季比较寒冷，降水量丰富，常年降水量比较稳定，水热条件优越。森林主要分布在神农架、沅江流域、资江流域、湘江流域、赣江流域等处，主要为常绿阔叶林，并混生落叶阔叶林，马尾松、杉木、竹类分布面积也非常广。

5. 华南地区

华南地区包括广东、广西、海南和福建。该区气候炎热多雨，无真正的冬季，跨越南亚热带和热带气候区，分布有南亚热带常绿阔叶林、热带雨林和季雨林。

6. 华东地区

华东地区包括上海、江苏、浙江和山东。该区邻近海岸地带，其大部分地区因受台风影响获得降水，降水量丰富，而且四季分配比较均匀，森林类型多样，树种丰富，低山丘陵以常绿阔叶林为主。

7. 西南地区

西南地区包括重庆、四川、云南、贵州和西藏。该区垂直高差大，气温差异显著，形成明显的垂直气候带与相应的森林植被带，森林类型多样，树种丰富。

（二）湿地资源

1. 沼泽分布

我国沼泽以东北三江平原、大兴安岭、小兴安岭、长白山地、四川若尔盖和青藏高原为多，各地河漫滩、湖滨、海滨一带也有沼泽发育，山区多木本沼泽，平原则草本沼泽居多。

2. 湖泊湿地分布

我国的湖泊湿地主要分布于长江及淮河中下游、黄河及海河下游和大运河沿岸的东部平原地区湖泊、蒙新高原地区湖泊、云贵高原地区湖泊、青藏高原地区湖泊、东北平原地区与山区湖泊。

3. 河流湿地分布

因受地形、气候影响，河流在地域上的分布很不均匀，绝大多数河流分布在东部气候湿润多雨的季风区；西北内陆气候干旱少雨，河流较少，并有大面积的无流区。

4. 近海与海岸湿地

我国近海与海岸湿地主要分布于沿海省份，以杭州湾为界，杭州湾以北除山东半岛、辽东半岛的部分地区为岩石性海滩外，多为沙质和淤泥质海滩，由环渤海滨海和江苏滨海湿地组成；杭州湾以南以岩石性海滩为主，主要有钱塘江—杭州湾湿地、晋江口—泉州湾湿地、珠江口的河口湾和北部湾湿地等。

5. 库塘湿地

库塘湿地属于人工湿地，主要分布于我国水利资源比较丰富的东北地区、长江中上游地区、黄河中上游地区以及广东等。

二、我国林业的主要功能

根据联合国《千年生态系统评估报告》，生态系统服务功能包括生态系统对人类可以产生直接影响的调节功能、供给功能和文化功能，以及对维持生态系统的其他功能具有重要作用的支持功能（如土壤形成、养分循环和初级生产等），生态系统服务功能的变化通过影响人类的安全、维持高质量生活的基本物质需求、健康，以及社会文化关系等而对人类福利产生深远的影响。林业资源作为自然资源的组成部分，同样具有调节、供给和文化三大服务功能。调节服务功能包括固碳释氧、调节小气候、保持水土、防风固沙、涵养水源和净化空气等方面，供给服务功能包括提供木材与非木质林产品，文化服务功能包括美学与文学艺术、游憩与保健疗养、科普与教育等方面。

（一）固碳释氧

森林作为陆地生态系统的主体，在稳定和减缓全球气候变化方面起着至关重要的作用。森林植被通过光合作用可以吸收固定 CO_2，成为陆地生态系统中 CO_2 最大的储存库和吸收器。而毁林开荒、土地退化、筑路和城市扩张导致毁林，也导致温室气体向大气排放。以森林保护、造林和减少毁林为主要措施的森林减排已经成为应对气候变化的重要途径。

人类使用化石燃料、进行工业生产以及毁林开荒等活动导致大量的 CO_2 向大气排放，使大气 CO_2 浓度显著增加。陆地生态系统和海洋吸收其中的一部分排放，但全球排放量与吸收量之间仍存在不平衡。这就是科学界常常提到的 CO_2 失汇现象。

最近几十年来，城市化程度不断加快，人口数量不断增长，工业生产逐渐密集，呼吸和燃烧消耗了大量 O_2、排放了大量 CO_2。迄今为止，任何发达的生产技术都不能代替植物的光合作用。地球大气中大约有 $1.2 \times 10^{25} t O_2$，这是绿色植物经历大约 32 亿年漫长岁月，通过光合作用逐渐积累起来的，现在地球上的植被每年可新增 $7.0 \times 10^{10} t O_2$。据测定，一株 100 年生的山毛榉树（具有叶片表面积 $1600 m^2$）每小时可吸收 $CO_2 2.35 kg$，释放 $O_2 1.71 kg$；$1 hm^2$ 森林通过光合作用，每天能生产 $735 kg O_2$，吸收 $1005 kg CO_2$。

（二）调节小气候

1. 调节农田温度作用

林带改变气流结构和降低风速作用的结果必然会改变林带附近的热量收支，从而引起温度的变化。但是，这种过程十分复杂，影响防护农田内气温的因素不仅包括林带结构、下垫面性状，还涉及风速、湍流交换强弱、昼夜时相、季节、天气类型、地域气候背景等。

在实际蒸散和潜在蒸散接近的湿润地区，防护区内影响温度的主要因素为风速，在风速降低区内，气温会有所增加；在实际蒸散小于潜在蒸散的半湿润地区，由于叶面气孔的调节作用开始产生影响，一部分能量没有被用于土壤蒸发和植物蒸腾而使气温降低，因此这一地区的防护林对农田气温的影响具有正负两种可能性。在半湿润易干旱或比较干旱地区，由于植物蒸腾作用而引起的降温作用比因风速降低而引起的增温作用相对显著，因此这一地区防护林具有降低农田气温的作用。我国华北平原属于干旱半干旱季风气候区，该地区的农田防护林对温度影响的总体趋势是夏秋季节和白天具有降温作用，在春冬季节和夜间气温具有升温及气温变幅减小作用。据河南省林业科学研究院测定：豫北平原地区农田林网内夏季日平均气温比空旷地低 0.5～2.6℃，在冬季比空旷地高 0.5～0.7℃；在严重干旱的地区，防护林对农田实际蒸散的影响较小，这时风速的降低成为影响气温的决定因素，防护林可导致农田气温升高。

2. 调节林内湿度作用

在防护林带作用范围内，风速和湍流交换的减弱，使得植物蒸腾和土壤蒸发的水分在近地层大气中逗留的时间相对延长，因此，近地面的空气湿度常常高于旷野。黄淮海平原黑龙港流域农田林网内活动面上相对湿度大于旷野，其变化值在 1%～7%；江汉平原湖区农田林网内相对湿度比空旷地提高了 3%～5%。据在甘肃河西走廊的研究，林木初叶期，林网内空气相对湿度可提高 3%～14%，全叶期提高 9%～24%，在生长季节中，一般可使网内空气湿度提高 7% 左右；小麦乳熟期间，麦桃、麦梨间作系统空气相对湿度比单作麦田分别提高 9.5%、3% 和 13.1%。据研究株行距 4×25m 的桐粮间作系统、3×20m 的杨粮系统在小麦灌浆期期间，对比单作麦田，相对湿度分别提高 7%～10% 和 6%～11%，可有效地减轻干热风对小麦的危害；幼龄期春季防护林网内空气湿度比旷野高 6.89%。

3. 调节风速

防护林最显著的小气候效应是防风效应或风速减弱效应。人类营造防护林最原始的目的就是借助于防护林减弱风力，减少风害。故防护林素有"防风林"之称。防护林减弱风力的主要原因有：（1）林带对风起一种阻挡作用，改变风的流动方向，使林带背风面的风力减弱；（2）林带对风的阻力，从而夺取风的动量，使其在地面逸散，风因失去动量而减弱；（3）减弱后的风在下风方向不要经过很久即可逐渐恢复风速，这是因为通过湍流作用，有动量从风力较强部分被扩散的缘故。从力学角度而言，防护林防风原理在于气流通过林带时，削弱了气流动能而减弱了风速。动能削弱的原因来自三个方面：其一，气流穿过林带内部时，由于与树干及枝叶的摩擦，部分动能转化为热能部分，与此同时由于气流受林木类似筛网或栅栏的作用，将气流中的大旋涡分割成若干小旋涡而消耗了动能，这些小旋涡又互相碰撞和摩擦，进一步削弱了气流的大量能量；其二，气流翻越林带时，在林带的抬升和摩擦下，与上空气流汇合，损失部分动能；其三，穿过林带的气流和翻越林带的气流，在背风面一定距离内汇合时，又造成动能损失，致使防护林背风区风速减弱最为明显。

（三）保持水土

1. 森林对降水的再分配作用

降水经过森林冠层后发生再分配过程，再分配过程包括三个不同的部分，即穿透降水、茎流水和截留降水。穿透降水是指从植被冠层上滴落下来的或从林冠空隙处直接降落下来的那部分降水；茎流水是指沿着树干流至土壤的那部分水分；截留降水系指雨水以水珠或薄膜形式被保持在植物体表面、树皮裂隙中以及叶片与树枝的角隅等处，截留降水很少达到地面，而是通过物理蒸发返回到大气中。

森林冠层对降水的截留受到众多因素的影响，主要有降水量、降水强度和降水的持续时间以及当地的气候状况，并与森林组成、结构、郁闭度等因素密切相关。根据观测研究，我国主要森林生态系统类型的林冠年截留量平均值为 $134.0 \sim 626.7mm$，变动系数为 $14.27\% \sim 40.53\%$。热带山地雨林的截留量最大，为 $626.7mm$；寒温带、温带山地常绿针叶林的截留量最小，只有 $134.0mm$，两者相差 4.68 倍。我国主要森林生态系统林冠的截留率的平均值为 $11.40\% \sim 34.34\%$，变动系数为 $6.86\% \sim 55.05\%$。亚热带、热带西南部高山常绿针叶林的截留损失率最大，为 34.34%；亚热带山地常绿落叶阔叶混交林截留损失率最小，为 11.4%。

研究表明，林分郁闭度对林冠截留的影响远大于树种间的影响。森林的覆盖度越高，层次结构越复杂，降水截留的层面越多，截留量也越大。例如，川西高山云杉、冷杉林，郁闭度为 0.7 时，林冠截留率为 24%，郁闭度降为 0.3 时，截留率降至 12%；华山松林分郁闭度从 0.9 降为 0.7，林冠截留率降低 6.08%。

2. 森林对地表径流的作用

（1）森林对地表径流的分流阻滞作用

当降雨量超过森林调蓄能力时，通常产生地表径流，但是降水量小于森林调蓄水量时也可能会产生地表径流。分布在不同气候地带的森林都具有减少地表径流的作用。在热带地区，对热带季雨林与农地（刀耕火种地）的观测表明，林地的地表径流系数在 10% 以下，最大值不到 10%；而农地则多为 $10\% \sim 50\%$，最大值超过 50%，径流次数也比林地多约 20%，径流强度随降雨量和降雨时间增加而增大的速度和深度也比林地突出。

（2）森林延缓地表径流历时的作用

森林不但能够有效地削减地表径流量，还能延缓地表径流历时。一般情况下，降水持续时间越长，产流过程越长；降水初始与终止时的强度越大，产流前土壤越湿润，产流开始的时间就越快，而结束径流的时间就越迟。这是地表径流与降水过程的一般规律。从森林生态系统的结构和功能分析，森林群落的层次结构越复杂，枯枝落叶层越厚，土壤孔隙越发育，产流开始的时间就越迟，结束径流的时间相对较晚，森林削减和延缓地表径流的效果越明显。例如，在相同的降水条件下，不同森林类型的产流与终止时间分别比降水开始时间推迟 7～50min，而结束径流的时间又比降水终止时间推后 40～500min。结构复杂的森林削减和延缓径流的作用远比结构简单的草坡地强。在多次出现降水的情况下，森林植被出现的洪峰均比草坡地的低；而在降水结束，径流逐渐减少时，森林的径流量普遍比草坡地大，明显地显示出森林削减洪峰、延缓地表径流的作用。但是，发育不良的森林，如只有乔木层，无灌木、草本层和枯枝落叶层，森林调节径流量和延缓径流过程的作用会大大削弱，甚至也可能产生比草坡地更高的径流流量。

（3）森林对土壤水蚀的控制作用

森林地上和地下部分防止土壤侵蚀的功能，主要有几个方面：①林冠可以拦截相当数量的降水量，减弱暴雨强度和延长其降落时间；②可以保护土壤免受破坏性雨滴的机械破坏作用；③可以提高土壤的入渗力，抑制地表径流的形成；④可以调节融雪水，使吹雪的程度降到最低；⑤可以减弱土壤冻结深度，延缓融雪，增加地下水储量；⑥根系和树干可以对土壤起到机械固持作用；⑦林分的生物小循环对土壤的理化性质，抗水蚀、风蚀能力起到改良作用。

（四）防风固沙

1. 固沙作用

森林以其茂密的枝叶和聚积枯落物庇护表层沙粒，避免风的直接作用；同时植被作为沙地上一种具有可塑性结构的障碍物，使地面粗糙度增大，大大降低近地层风速；植被可加速土壤形成过程，提高黏结力，根系也起到固结沙粒的作用；植被还能促进地表形成"结皮"，从而提高临界风速值，增强了抗风蚀能力，起到固沙作用，其中植被降低风速作用最为明显也最为重要。植被降低近地层风速作用大小与覆盖度有关，覆盖度越大，风速降低值越大。内蒙古农业大学林学院通过对各种灌木测定，当植被覆盖度大于 30% 时，一般都可降低风速 40% 以上。

2. 阻沙作用

由于风沙流是一种贴近地表的运动现象，因此，不同植被固沙和阻沙能力的大小，主要取决于近地层枝叶分布状况。近地层枝叶浓密、控制范围较大的植物，其固沙和阻沙能力也较强。在乔、灌、草三类植物中，灌木多在近地表处丛状分枝，固沙和阻沙能力较强。乔木只有单一主干，固沙和阻沙能力较小，有些乔木甚至树冠已郁闭，表层沙仍然继续流动。多年生草本植物基部丛生亦具固沙和阻沙能力，但比之灌木植株低矮，固沙范围和积沙数量均较低，加之入冬后地上部分干枯，所积沙堆因重新裸露而遭吹蚀，因此不稳定。这也是在治沙工作中选择植物种时首选灌木的原因之一。而不同灌木，其近地层枝叶分布情况和数量亦不同，固沙和阻沙能力也有差异，因而选择时应做进一步分析。

3. 对风沙土的改良作用

植被固定流沙以后，大大加速了风沙土的成土过程。植被对风沙土的改良作用，主要表现在以下几个方面：（1）机械组成发生变化，粉粒、黏粒含量增加。（2）物理性质发生变化，比重、容重减少，孔隙度增加。（3）水分性质发生变化，持水量增加，透水性减慢。（4）有机质含量增加。（5）氮、磷、钾三要素含量增加。（6）碳酸钙含量增加，pH 值提高。（7）土壤微生物数量增加。（8）沙层含水率减少，幼年植株耗水量少，对沙层水分影响不大，随着林龄的增加，对沙层水分产生显著影响。

（五）涵养水源

1. 净化水质作用

森林对污水净化能力也极强。据测定，从空旷的山坡上流下的水中，污染物的含量为 $169g/m^2$，而从林中流下来的水中污染物的含量只有 $64g/m^2$。污水通过 $30\sim40m$ 的林带后，水中所含的细菌数量比不经过林带的减少 50%，一些耐水性强的树种对水中有害物质有很强的吸收作用，如柳树对水溶液中的氰化物去除率达 94%～97.8%，湿地生态系统则可以通过沉淀、吸附、离子交换、络合反应、硝化、反硝化、营养元素的生物转化和微生物分解过程处理污水。

2. 削减洪峰

森林通过乔、灌、草及枯落物层的截持含蓄、大量蒸腾、土壤渗透、延缓融雪等过程，使地表径流减少，甚至为零，从而起到削减洪水的作用。这一作用的大小，又受到森林类型、林分结构、林地土壤结构和降水特性等的影响。通常，复层异龄的针阔混交林要比单层同龄纯林的作用大，对短时间降水过程的作用明显，随降水时间的延长，森林的削洪作用也逐渐减弱，甚至到零。因此，森林的削洪作用有一定限度，但不论作用程度如何，各地域的测定分析结果证实，森林的削洪作用是肯定的。

（六）净化空气

1. 滞尘作用

大气中的尘埃是造成城市能见度低和对人体健康产生严重危害的主要污染物之一。据统计，全国城市中有一半以上大气中的总悬浮颗粒物（TSP）年平均质量浓度超过 $310\mu g/m^2$，百万人口以上的大城市的 TSP 浓度更大，一半以上超过 $410\mu g/m^2$，超标的大城市占 93%。人们在积极采取措施减少污染源的同时，更加重视增加城市植被覆盖，发挥森林在滞尘方面的重要作用。

2. 杀菌作用

植物的绿叶能分泌出如酒精、有机酸和萜类等挥发性物质，可杀死细菌、真菌和原生动物。如香樟、松树等能够减少空气中的细菌数量，1hm² 松、柏每日能分泌 60kg 杀菌素，可杀死白喉、肺结核、痢疾等病菌。另外，树木的枝叶可以附着大量的尘埃，因而减少了空气中作为有害菌载体的尘埃数量，也就减少了空气中的有害菌数量，净化了空气。绿地不仅能杀灭空气中的细菌，还能杀灭土壤里的细菌。有些树林能杀灭流过林地污水中的细菌，如 1m³ 污水通过 30～40m 宽的林带后，其含菌量比经过没有树林的地面减少一半；又如通过 30 年生的杨树、桦树混交林，细菌数量能减少 90%。

杀菌能力强的树种有夹竹桃、稠李、高山榕、樟树、桉树、紫荆、木麻黄、银杏、桂花、玉兰、千金榆、银桦、厚皮香、柠檬、合欢、圆柏、核桃、核桃楸、假槟榔、木菠萝、雪松、刺槐、垂柳、落叶松、柳杉、云杉、柑橘、侧柏等。

3. 增加空气中负离子及保健物质含量

森林能增加空气负离子含量。森林的树冠、枝叶的尖端放电以及光合作用过程的光电效应均会促使空气电解，产生大量的空气负离子。空气负离子能吸附、聚集和沉降空气中的污染物和悬浮颗粒，使空气得到净化。空气中正、负离子可与未带电荷的污染物相互作用、复合，对工业上难以除去的飘尘有明显的沉降效果。空气负离子同时有抑菌、杀菌和抑制病毒的作用。空气负离子对人体具有保健作用，主要表现在调节神经系统和大脑皮层功能，加强新陈代谢，促进血液循环，改善心、肺、脑等器官的功能等。

植物的花叶、根芽等组织的油腺细胞不断地分泌出一种浓香的挥发性有机物，这种气体能杀死细菌和真菌，有利于净化空气，提高人们的健康水平，被称为植物精气。森林植物精气的主要成分是芳香性碳水化合物——萜烯，主要包含有香精油、酒精、有机酸、醚、酮等。这些物质有利于人们的身体健康，除杀菌外，对人体有抗炎症、抗风湿、抗肿瘤、促进胆汁分泌等功效。

第二节　现代林业的概念与内涵

现代林业是一个具有时代特征的概念，随着经济社会的不断发展，现代林业的内涵也在不断地发生着变化。正确理解和认识新时期现代林业的基本内涵，对于指导现代林业建设的实践具有重要的意义。

一、现代林业的概念

早在改革开放初期，我国就有人提出了建设现代林业。当时人们简单地将现代林业理解为林业机械化，后来又走入了只讲生态建设、不讲林业产业的朴素生态林业的误区。对现代林业的一种定义是：现代林业即在现代科学认识基础上，用现代技术装备武装和现代工艺方法生产以及用现代科学方法管理的，并可持续发展的林业。区别于传统林业，现代林业是在现代科学的思维方式指导下，以现代科学理论、技术与管理为指导，通过新的森林经营方式与新的林业经济增长方式，达到充分发挥森林的生态、经济、社会与文明功能，担负起优化环境，促进经济发展，提高社会文明，实现可持续发展的目标和任务。现代林业的另一种定义：现代林业是充分利用现代科学技术和手段，全社会广泛参与保护和培育森林资源，高效发挥森林的多种功能和多重价值，以满足人类日益增长的生态、经济和社会需求的林业。

关于现代林业起步于何时，学术界有着不同的看法。有的学者认为，大多数发达国家的现代林业始于20世纪中期之后。也有的学者认为，就整个世界而言，进入后工业化时期，即进入现代林业阶段，因为此时的森林经营目标已经从纯经济物质转向了环境服务兼顾物质利益。而在中华人民共和国成立后，我国以采伐森林提供木材为重点，同时大规模营造人工林，长期处于传统林业阶段，从20世纪70年代末开始，随着经济体制改革，才逐步向现代林业转轨。还有的学者通过对森林经营思想的演变以及经营利用水平、科技水平的高低等方面进行比较，认为20世纪末的联合国环境与发展大会标志着林业发展从此进入了林业生态、社会和经济效益全面协调、可持续发展的现代林业发展阶段。

以上专家学者提出的现代林业的概念，都反映了当时林业发展的方向和时代的特征。今天，林业发展的经济和社会环境、公众对林业的需求等都发生了很大的变化，如何界定现代林业这一概念，仍然是建设现代林业中首先应该明确的问题。

从字面上看，现代林业是一个偏正结构的词组，包括"现代"和"林业"两个部分，前者是对后者的修饰和限定。汉语词典对"现代"一词有以下几种释义：一是指当今的时代，可以对应于从前的或过去的；二是新潮的、时髦的意思，可以对应于传统的或落后的；三是历史学中特定的时代划分，即19世纪60年代前为古代、其后到中华人民共和国成立前为近代、中华人民共和国成立以来即为现代。我们认为，现代林业并不是一个历史学概念，而是一个相对的和动态的概念，无须也无法界定其起点和终点。对于现代林业中的"现代"应该从前两个含义进行理解，也就是说现代林业应该是能够体现当今时代特征的、先进的、发达的林业。

随着时代的发展，林业本身的范围、目标和任务也在发生着变化。从林业资源所涵盖的范围来看，我国的林业资源不仅包括林地、林木等传统的森林资源，同时还包括湿地资源、荒漠资源，以及以森林、湿地、荒漠生态系统为依托而生存的野生动植物资源。从发展目标和任务看，已经从传统的以木材生产为核心的单目标经营，转向重视林业资源的多种功能、追求多种效益，我国林业不仅要承担木材及非木质林产品供给的任务，同时还要在维护国土生态安全、改善人居环境、发展林区经济、促进农民增收、弘扬生态文化、建设生态文明中发挥重要的作用。

综合以上两个方面的分析，我们认为，衡量一个国家或地区的林业是否达到了现代林业的要求，最重要的就是考察其发展理念、生产力水平、功能和效益是否达到了所处时代的领先水平。建设现代林业就是要遵循当今时代最先进的发展理念，以先进的科学技术、精良的物质装备和高素质的务林人为支撑，运用完善的经营机制和高效的管理手段，建设完善的林业生态体系、发达的林业产业体系和繁荣的生态文化体系，充分发挥林业资源的多种功能和多重价值，最大限度地满足社会的多样化需求。

按照伦理学的理论，概念是对事物最一般、最本质属性的高度概括，是人类抽象的、普遍的思维产物。先进的发展理念、技术和装备、管理体制等都是建设现代林业过程中的必要手段，而最终体现出来的是林业发展的状态和方向。因此，现代林业就是可持续发展的林业，它是指充分发挥林业资源的多种功能和多重价值，不断满足社会多样化需求的林业发展状态和方向。

二、现代林业的内涵

内涵是对某一概念中所包含的各种本质属性的具体界定。虽然"现代林业"这一概念的表述方式可以是相对不变的，但是随着时代的变化，其现代的含义和林业的含义都是不断丰富和发展的。

对于现代林业的基本内涵，在不同时期，国内许多专家给予了不同的界定。有的学者认为，现代林业是由一个目标（发展经济、优化环境、富裕人民、贡献国家）、两个要点（森林和林业的新概念）、三个产业（林业第三产业、第二产业、第一产业）彼此联系在一起综合集成而形成的一个高效益的林业持续发展系统。还有的学者认为，现代林业强调以生态环境建设为重点，以产业化发展为动力，全社会广泛参与和支持为前提，积极广泛地参与国际交流合作，从而实现林业资源、环境和产业协调发展，经济、环境和社会效益高度统一的林业。现代林业与传统林业相比，其优势在于综合效益高，利用范围很大，发展潜力很突出。

中国现代林业的基本内涵可表述为：以建设生态文明社会为目标，以可持续发展理论为指导，用多目标经营做大林业，用现代科学技术提升林业，用现代物质条件装备林业，用现代信息手段管理林业，用现代市场机制发展林业，用现代法律制度保障林业，用扩大对外开放拓展林业，用高素质新型务林人推进林业，努力提高林业科学化、机械化和信息化水平，提高林地产出率、资源利用率和劳动生产率，提高林业发展的质量、素质和效益，建设完善的林业生态体系、发达的林业产业体系和繁荣的生态文化体系。

（一）现代发展理念

理念就是理性的观念，是人们对事物发展方向的根本思路。现代林业的发展理念，就是通过科学论证和理性思考而确立的未来林业发展的最高境界和根本观念，主要解决林业发展走什么道路、达到什么样的最终目标等根本方向问题。因此，现代林业的发展理念，必须是科学的，既符合当今世界林业发展潮流，又符合中国的国情和林情。

中国现代林业的发展理念应该是：以可持续发展理论为指导，坚持以生态建设为主的林业发展战略，全面落实科学发展观，最终实现人与自然和谐的生态文明社会。这一发展理念的四个方面是一脉相承的，也是一个不可分割的整体。建设人与自然和谐的生态文明社会，是落实科学发展的必然要求，也是"三生态"战略思想的重要组成部分，充分体现了可持续发展的基本理念，成为现代林业建设的最高目标。

可持续发展理论是在人类社会经济发展面临着严重的人口、资源与环境问题的背景下产生和发展起来的，联合国环境规划署把可持续发展定义为满足当前需要而又不削弱子孙后代满足其需要之能力的发展。可持续发展的核心是发展，重要标志是资源的永续利用和良好的生态环境。可持续发展要求既要考虑当前发展的需要，又要考虑未来发展的需要，不以牺牲后代人的利益为代价。在建设现代林业的过程中，要充分考虑发展的可持续性，既充分满足当代人对林业三大产品的需求，又不对后代人的发展产生影响。大力发展循环经济，建设资源节约型、生态良好和环境友好型社会，必须合理利用资源、大力保护自然生态和自然资源，恢复、治理、重建和发展自然生态和自然资源，是实现可持续发展的必然要求。可持续林业从健康完整的生态系统、生物多样性、良好的环境及主要林产品持续生产等诸多方面，反映了现代林业的多重价值观。

（二）多目标经营

森林具有多种功能和多种价值，从单一的经济目标向生态、经济、社会多种效益并重的多目标经营转变，是当今世界林业发展的共同趋势。由于各国的国情、林情不同，其林业经营目标也各不相同。德国、瑞士、法国、奥地利等林业发达国家在总结几百年来林业发展经验和教训的基础上提出了近自然林业模式。20世纪80年代中期，我国对林业发展道路进行了深入系统的研究和探索，提出了符合我国国情林情的林业分工理论，按照林业的主导功能特点或要求分类，并按各类的特点和规律运行的林业经营体制和经营模式。通过森林功能性分类，充分发挥林业资源的多种功能和多种效益，不断增加林业生态产品、物质产品和文化产品的有效供给，持续不断地满足社会和广大民众对林业的多样化需求。

中国现代林业的最终目标是建设生态文明社会，具体目标是实现生态、经济、社会三大效益的最大化。

第三节　现代林业建设的总体布局

一、我国现代林业建设的主要任务

发展现代林业、建设生态文明是中国林业发展的方向、旗帜和主题。现代林业建设的主要任务是，按照生态良好、产业发达、文化繁荣、发展和谐的要求，着力构建完善的林业生态体系、发达的林业产业体系和繁荣的生态文化体系，充分发挥森林的多种功能和综合效益，不断满足人类对林业的多种需求。重点实施好天然林资源保护、退耕还林、湿地保护与恢复、城市林业等多项生态工程，建立以森林生态系统为主体的、完备的国土生态安全保障体系，是现代林业建设的基本任务。随着我国经济社会的快速发展，林业产业的外延在不断拓展，内涵在不断丰富。建立以林业资源节约利用、高效利用、综合利用、循环利用为内容的、发达的产业体系是现代林业建设的重要任务。林业产业体系建设重点应包括加快发展以森林资源培育为基础的林业第一产业，全面提升以木竹加工为主的林业第二产业，大力发展以生态服务为主的林业第三产业。建立以生态文明为主要价值取向的、繁荣的林业生态文化体系是现代林业建设的新任务。生态文化体系建设的重点是努力构建生态文化物质载体，促进生态文化产业发展，加大生态文化的传播普及，加强生态文化基础教育，提高生态文化体系建设的保障能力，开展生态文化体系建设的理论研究。

（一）努力构建人与自然和谐的完善的生态体系

林业生态体系包括三个系统一个多样性，即森林生态系统、湿地生态系统、荒漠生态系统和生物多样性。

努力构建人与自然和谐的完善的林业生态体系，必须加强生态建设，充分发挥林业的生态效益，着力建设森林生态系统，大力保护湿地生态系统，不断改善荒漠生态系统，努力维护生物多样性，突出发展，强化保护，提升质量，努力建设布局科学、结构合理、功能完备、效益显著的林业生态体系。

（二）不断完善充满活力的发达的林业产业体系

林业产业体系包括第一产业、第二产业、第三产业三次产业和一个新兴产业。不断完善充满活力的、发达的林业产业体系，必须加快产业发展，充分发挥林业的经济效益，全面提升传统产业，积极发展新兴产业，以兴林富民为宗旨，完善宏观调控，加强市场监管，优化公共服务，坚持低投入、高效益，低消耗、高产出，努力建设品种丰富、优质高效、运行有序、充满活力的林业产业体系。

各类商品林基地建设取得新进展，优质、高产、高效、新兴林业产业迅猛发展，林业经济结构得到优化。

（三）逐步建立丰富多彩的繁荣的生态文化体系

生态文化体系包括植物生态文化、动物生态文化、人文生态文化和环境生态文化等。

逐步建立丰富多彩的、繁荣的生态文化体系，必须培育生态文化，充分发挥林业的社会效益，大力繁荣生态文化，普及生态知识，倡导生态道德，增强生态意识，弘扬生态文明，以人与自然和谐相处为核心价值观，以森林文化、湿地文化、野生动物文化为主体，努力构建主题突出、内涵丰富、形式多样、喜闻乐见的生态文化体系。

加快城乡绿化，改善人居环境，发展森林旅游，增进人民健康，提供就业机会，增加农民收入，促进新农村建设。

（四）大力推进优质高效的服务型林业保障体系

林业保障体系包括科学化、信息化、机械化三大支柱和改革、投资两个关键，涉及绿色办公、绿色生产、绿色采购、绿色统计、绿色审计、绿色财政和绿色金融等。

林业保障体系要求林业行政管理部门切实转变职能、理顺关系、优化结构、提高效能，做到权责一致、分工合理、决策科学、执行顺畅、监督有力、成本节约，为现代林业建设提供体制保障。

大力推进优质高效的服务型林业保障体系，必须按照科学发展观的要求，大力推进林业科学化、信息化、机械化进程；坚持和完善林权制度改革，进一步加快构建现代林业体制机制，进一步扩大重点国有林区、国有林场的改革，加大政策调整力度，逐步理顺林业机制，加快林业部门的职能转变，建立和推行生态文明建设绩效考评与问责制度；同时，要建立支持现代林业发展的公共财政制度，完善林业投融资政策，健全林业社会化服务体系，按照服务型政府的要求建设林业保障体系。

21世纪上半叶中国林业发展总体战略构想是：（1）确立以生态建设为主的林业可持续发展道路；（2）建立以森林植被为主体的国土生态安全体系；（3）建设山川秀美的生态文明社会。

林业发展总体战略构想的核心是"生态建设、生态安全、生态文明"。这三者之间相互关联、相辅相成。生态建设是生态安全的前提，生态安全是生态文明的基础和保障，生态文明是生态建设和生态安全所追求的最终目标。"生态建设、生态安全、生态文明"既代表了先进生产力发展的必然要求和广大人民群众的根本利益，又顺应了世界发展的大趋势，展示了中华民族对自身发展的审慎选择、对生态建设的高度责任感和对全球森林问题的整体关怀，体现了可持续发展的理念。

现代林业建设总体布局要以天然林资源保护、退耕还林、三北及长江流域等重点防护林体系建设、京津风沙源治理、野生动植物保护及自然保护区建设、重点地区速生丰产用材林基地建设等林业六大重点工程为框架，构建"点、线、面"结合的全国森林生态网络体系，即以全国城镇绿化、森林公园和周边自然保护区及典型生态区为"点"；以大江大河、主要山脉、海岸线、主干铁路公路为"线"；以东北、内蒙古国有林区，西北、华北北部和东北西部干旱半干旱地区，华北及中原平原地区，南方集体林地区，东南沿海热带林地区，西南高山峡谷地区，青藏高原高寒地区等八大区为"面"，实现森林资源在空间布局上的均衡、合理配置。

东北、内蒙古国有林区以天然林保护和培育为重点，华北中原地区以平原防护林建设和用材林基地建设为重点，西北、华北北部和东北西部地区以风沙治理和水土保持林建设为重点，长江上中游地区以生态和生物多样性保护为重点，南方集体林区以用材林和经济林生产为重点，东南沿海地区以热带林保护和沿海防护林建设为重点，青藏高原地区以野生动植物保护为重点。

二、总体布局

（一）构建点、线、面相结合的森林生态网络

良好的生态环境，应该建立在总量保证、布局均衡、结构合理、运行通畅的植被系统基础上。森林生态网络是这一系统的主体。当前我国生态环境不良的根本原因是植被系统不健全，而要改变这种状况的根本措施就是建立一个合理的森林生态网络。

建立合理的森林生态网络应该充分考虑下述因素：一是森林资源总量要达到一定面积，即要有相应的森林覆盖率。按照科学测算，森林覆盖率至少要达到26%。二要做到合理布局。从生态建设需要和我国国情、林情出发，今后恢复和建设植被的重点区域应该是生态问题突出、有林业用地但又植被稀少的地区，如西部的无林少林地区、大江大河源头及流域、各种道路两侧及城市、平原等。三是提高森林植被的质量，做到林种、树种、林龄及森林与其他植被的结构搭配合理。四是有效保护好现有的天然森林植被，充分发挥森林天然群落特有的生态效能。从这些要求出发，以林为主，因地制宜，实行乔灌草立体开发，是从微观的角度解决环境发展的时间与空间、技术与经济、质量与效益结合的问题；而点、线、面协调配套，则是从宏观发展战略的角度，以整个国土生态环境为全局，提出森林生态网络工程总体结构与布局的问题。

"点"是指以人口相对密集的中心城市为主体，辐射周围若干城镇所形成的具有一定规模的森林生态网络点状分布区。它包括城市森林公园、城市园林、城市绿地、城郊接合部以及远郊大环境绿化区（森林风景区、自然保护区等）。

城市是一个特殊的生态系统，它是以人为主体并与周围的其他生物和非生物建立相互联系，受自然生命保障系统所供养的"社会—经济—自然复合生态系统"。随着经济的持续高速增长，我国城市化发展趋势加快，已经成为世界上城市最多的国家之一，尤其是经济比较发达的珠江三角洲、长江三角洲、胶东半岛以及京、津、唐地区已经形成城市走廊（或称城市群）的雏形，虽然城市化极大地推动了我国社会进步和经济繁荣，但在没有强有力的控制条件下，城市化不可避免地导致城市地区生态的退化，各种环境困扰和城市病愈演愈烈。因此，以绿色植物为主体的城市生态环境建设已成为我国森林生态网络系统工程建设不可缺少的一个重要组成部分，引起了全社会和有关部门的高度重视。根据国际上对城市森林的研究和我国有关专家的认识，现代城市的总体规划必须以相应规模的绿地比例为基础（国际上通常以城市居民人均绿地面积不少于10m² 作为最低的环境需求标准），同时，按照城市的自然、地理、经济和社会状况、现有城市规划、城市性质等确定城市绿

化指标体系，并制定城市"三废"（废气、废水、废渣）排放以及噪声、粉尘等综合治理措施和专项防护标准。城市森林建设是国家生态环境建设的重要组成部分。城市森林建设是城市有生命的基础设施建设，人们向往居住在空气清新、环境优美的城市环境里的愿望越来越迫切，这种需求已成为我国城市林业发展和城市森林建设的原动力。近年来，在国家有关部门提出的建设森林城市、生态城市及园林城市、文明卫生城市的评定标准中，均把绿化达标列为重要指标，表明我国城市建设正逐步进入法治化、标准化、规范化轨道。

"线"是指以我国主要公路及铁路交通干线两侧、主要大江与大河两岸、海岸线以及平原农田生态防护林带（林网）为主体，按不同地区的等级、层次标准以及防护目的和效益指标，在特定条件下，通过不同组合建成乔灌草立体防护林带。这些林带应达到一定规模，并发挥防风、防沙、防浪、护路、护岸、护堤、护田和抑螺防病等作用。

"面"是指以我国林业区划的东北区、西北区、华北区、南方区、西南区、热带区、青藏高原区等为主体，以大江、大河、流域或山脉为核心，根据不同自然状况所形成的森林生态网络系统的块状分布区。它包括西北森林草原生态区、各种类型的野生动植物自然保护区以及正在建设中的全国重点防护林体系工程建设区等，形成以涵养水源、水土保持、生物多样化、基因保护、防风固沙以及用材等为经营目的、集中连片的生态公益林网络体系。

我国森林生态网络体系工程点、线、面相结合，从总体布局上是一个相互依存、相互补充，共同发挥社会公益效益，维护国土生态安全的有机整体。

（二）实行分区指导

根据不同地区对林业发展的要求和影响生产力发展的主导因素，按照"东扩、西治、南用、北休"的总体布局和区域发展战略，实行分区指导。

东扩：发展城乡林业，扩展林业产业链，主要指我国中东部地区和沿海地区。

主攻方向：通过完善政策机制，拓展林业发展空间，延伸林业产业链，积极发展城乡林业，推动城乡绿化美化一体化，建设高效农田防护林体系，大力改善农业生产条件，兼顾木材加工业原料需求以及城乡绿化美化的种苗需求，把这一区域作为我国木材供应的战略支撑点之一，促进林业向农区、城区和下游产业延伸，扩展林业发展的领域和空间。

西治：加速生态修复，实行综合治理，主要指我国西部的"三北"地区、西南峡谷和青藏高原地区，是林业生态建设的主战场，也是今后提高我国森林覆盖率的重点地区。

主攻方向：在优先保护好现有森林植被的同时，通过加大西部生态治理工程的投入力度，加快对风沙源区、黄土高原区、大江大河源区和高寒地区的生态治理，尽快增加林草植被，有效地治理风沙危害，努力减轻水土流失，切实改善西部地区的生态状况，保障我国的生态安全。

南用：发展产业基地，提高森林质量和水平，主要指我国南方的集体林区和沿海热带地区，是今后一个时期我国林业产业发展的重点区域。

主攻方向：在积极保护生态的前提下，充分发挥地域和政策机制的优势，通过强化科技支撑，提高发展质量，加速推进用材林、工业原料林和经济林等商品林基地建设，大力发展林纸林板一体化、木材加工、林产化工等林业产业，满足经济建设和社会发展对林产品的多样化需求。

北休：强化天然林保育，继续休养生息，主要指我国东北林区。

主攻方向：通过深化改革和加快调整，进一步休养生息，加强森林经营，在保护生态前提下，建设我国用材林资源战略储备基地，把东北国有林区建设成为资源稳步增长、自然生态良好、经济持续发展、生活明显改善、社会全面进步的社会主义新林区。

（三）重点突出环京津生态圈，长江、黄河两大流域，东北、西北和南方三大片

环京津生态圈是首都乃至中国的"形象工程"，在这一生态圈建设中，防沙治沙和涵养水源是两大根本任务。它对降低这一区域的风沙危害、改善水源供给，同时对优化首都生态环境、提升首都国际形象、举办绿色奥运等具有特殊的经济意义和政治意义。这一区域包括北京、天津、河北、内蒙古、山西五个省（直辖市、自治区）的相关地区。生态治理的主要目标是为首都阻沙源，为京津保水源，并为当地经济发展和人民生活开拓财源。

生态圈建设的总体思路是加强现有植被保护，大力封沙育林育草、植树造林种草，加快退耕还林还草，恢复沙区植被，建设乔灌草相结合的防风固沙体系；综合治理退化草原，实行禁牧舍饲，恢复草原生态和产业功能；搞好水土流失综合治理，合理开发利用水资源，改善北京及周边地区的生态环境；缓解风沙危害，促进北京及周边地区经济和社会的可持续发展。主要任务是造林营林，包括退耕还林、人工造林、封沙育林、飞播造林、种苗基地建设等；治理草地，包括人工种草、飞播牧草、围栏封育、草种基地建设及相关的基础设施建设；建设水利设施，包括建立水源工程、节水灌溉、小流域综合治理等。基于这一区域多处在风沙区、经济欠发达和靠近京津、有一定融资优势的特点，生态建设应尽可能选择生态与经济结合型的治理模式，视条件发展林果业，培植沙产业，同时注重发展非公有制林业。

长江和黄河两大流域，主要包括长江及淮河流域的青海、西藏、甘肃、四川、云南、贵州、重庆、陕西、湖北、湖南、江西、安徽、河南、江苏、浙江、山东、上海17个省（自治区、直辖市）。建设思路是：以长江为主线，以流域水系为单元，以恢复和扩大森林植被为手段，以遏制水土流失、治理石漠化为重点，以改善流域生态环境为目标，建立起多林种、多树种相结合，生态结构稳定和功能完备的防护林体系。主要任务是：开展退耕还林、人工造林、封山（沙）育林、飞播造林及低效林改造等。同时，要注重发挥区域优势，发展适销对路和品种优良的经济林业，培植竹产业，大力发展森林旅游业等林业第三产业。

在黄河流域，重点生态治理区域是上中游地区，主要包括青海、甘肃、宁夏、内蒙古、陕西、山西、河南的大部分或部分地区。生态环境问题最严重的是黄土高原地区，总面积

约为 64 万 km²，是世界上面积最大的黄土覆盖地区，气候干旱，植被稀疏，水土流失十分严重，流失面积占黄土高原总面积的 70%，是黄河泥沙的主要来源地。建设思路：以小流域治理为单元，对坡耕地和风沙危害严重的沙化耕地实行退耕还林，实行乔灌草结合，恢复和增加植被；对黄河危害较大的地区要大力营造沙棘等水土保持林，减少粗沙流失危害；积极发展林果业、畜牧业和农副产品加工业，帮助农民脱贫致富。

东北片、西北片和南方片。东北片和南方片是我国的传统林区，既是木材和林产品供给的主要基地，也是生态环境建设的重点地区；西北片是我国风沙危害、水土流失的主要区域，是我国生态环境治理的重点和"瓶颈"地区。

东北片肩负商品林生产和生态环境保护的双重重任，总体发展战略是：通过合理划分林业用地结构，加强现有林和天然次生林保护，建设完善的防护体系，防止内蒙古东部沙地东移；通过加强三江平原、松辽平原农田林网建设，完善农田防护林体系，综合治理水土流失，减少坡面和耕地冲刷；加强森林抚育管理，提高森林质量，同时，合理区划和建设速生丰产林，实现由采伐天然林为主向采伐人工林为主的转变，提高木材及林产品供给能力；加强与俄罗斯东部区域的森林合作开发，强化林业产业，尤其是木材加工业的能力建设；合理利用区位优势和丘陵浅山区的森林景观，发展森林旅游业及林区其他第三产业。

西北片面积广大，地理条件复杂，有风沙区、草原区，还有丘陵、戈壁、高原冻融区等。这里主要的生态问题是水土流失、风沙危害及与此相关的旱涝、沙暴灾害等，治理重点是植树种草，改善生态环境。主要任务是：切实保护好现有的天然林生态系统，特别是长江、黄河源头及流域的天然林资源和自然保护区；实施退耕还林，扩大林草植被；大力开展沙区，特别是沙漠边缘区造林种草，控制荒漠化扩大趋势；有计划地建设农田和草原防护林网；有计划地发展薪炭林，逐步解决农村能源问题；因地制宜地发展经济林果业、沙产业、森林旅游业及林业等多种经营业。

南方片自然条件相对优越，立地条件好，适宜森林生长。全区经济发展水平高，劳动力充足，交通等社会经济条件好；集体林多，森林资源总量多，分布较为均匀。林业产业特别是人工林培育业发达，森林单位面积的林业产值高，适生树种多，林地利用率高，林地生产率较高。总体上，这一地区具有很强的原料和市场指向，适宜大力发展森林资源培育业和培育、加工相结合的大型林业企业。主要任务是：有效提高森林资源质量，调整森林资源结构和林业产业结构，提高森林综合效益；建设高效、优质的定向原料林基地，将未来林业产业发展的基础建立在主要依靠人工工业原料林上，同时，大力发展竹产业和经济林产业；进行深加工和精加工，大力发展木材制浆造纸业，扶持发展以森林旅游业为重点的林业第三产业及建立在高新技术开发基础上的林业生物工程产业。

三、区域布局

（一）东北林区

以实施东北、内蒙古重点国有林区天然林保护工程为契机，促进林区由采伐森林为主向管护森林为主转变，通过休养生息恢复森林植被。

这一地区主要具有原料的指向性（且可以来自俄罗斯东部森林），兼有部分市场指向（且可以出售国外），应重点发展人工用材林，大力发展非国境线上的山区林业和平原林业；应提高林产工业科技水平，减少初级产品产量，提高精深加工产品产量，从而用较少的资源消耗获得较大的经济产出。

（二）西北、华北北部和东北西部干旱半干旱地区

实行以保护为前提、全面治理为主的发展策略。在战略措施上应以实施防沙治沙工程和退耕还林工程为核心，并对现有森林植被实行严格保护。

一是在沙源和干旱区全面遏制沙化土地扩展的趋势，特别是对直接影响京津生态安全的两大沙尘暴多发地区进行重点治理。在沙漠仍在推进的边缘地带，以种植耐旱灌木为主，建立起能遏制沙漠推进的生态屏障；对已经沙化的地区进行大规模的治理，扩大人类的生存空间；对沙漠中人们集居形成的绿洲，在巩固的基础上不断扩大绿洲范围。二是对水土流失严重的黄土高原和黄河中上游地区、林草交错带上的风沙地等实行大规模退耕还林还草，按照"退耕还林、封山绿化、以粮代赈、个体承包"的思路将退化耕地和风沙地的还林还草和防沙治沙、水土治理紧密结合起来，大力恢复林草植被，以灌草养地。为了考虑农民的长远生计和地区木材等林产品供应，在林灌草的防护作用下，适当种植用材林和特有经济树种，发展经济果品及其深加工产品。三是对仅存的少量天然林资源实行停伐保护，国有林场职工逐步分流。

（三）华北及中原平原地区

在策略上适宜发展混农林业或种植林业。一方面，建立完善的农田防护林网，保护基本耕地；另一方面，由于农田防护林生长迅速，应引导农民科学合理地利用沟渠路旁、农田网带、滩涂植树造林，通过集约经营培育平原速生丰产林，从而不断地产出用材，满足木材加工企业的部分需求，实现生态效益和经济效益的双增长。同时，在靠近城市的地区，发展高投入、高产出的种苗花卉业，满足城市发展和人们生活水平逐渐提高的需要。

（四）南方集体林地区

南方集体林地区的主要任务是有效提高森林资源质量，建设优质高效用材林基地，集约化生产经济林，大力发展水果产业，加大林业产业的经济回收力度，调整森林资源结构和林业产业结构，提高森林综合效益。

在策略上，首先应搞好分类经营，明确生态公益林和商品林的建设区域。结合退耕还林工程加快对尚未造林的荒山荒地绿化、陡坡耕地还林和灌木林的改造，利用先进的营造林技术对难利用土地进行改造，尽量扩大林业规模，强化森林经营管理，缩短森林资源的培育周期，提高集体林质量和单位面积的木材产量。另外，通过发展集团型林企合成体，对森林资源初级产品进行深加工，提高精深加工产品的产出。

（五）东南沿海热带林地区

东南沿海热带林地区的主要任务是在保护好热带雨林和沿海红树林资源的前提下，发展具有热带特色的商品林业。

在策略上主要实施天然林资源保护工程、沿海防护林工程和速生丰产用材林基地建设工程。在适宜的山区和丘陵地带大力发展集约化速生丰产用材林、热带地区珍稀树种大径材培育林、热带水果经济林、短伐期工业原料林，尤其是热带珍稀木材和果品，发展木材精深加工和林化产品。

（六）西南高山峡谷地区

西南高山峡谷地区的主要任务是建设生态公益林，改善生态环境，确保大江大河生态安全。在发展策略上应以保护天然林、建设江河沿线防护林为重点，以实施天然林资源保护工程和退耕还林工程为契机，将天然林停伐保护同退耕还林、治理荒山荒地结合进行。在地势平缓、不会形成水土流失的适宜区域，可发展一些经济林和速生丰产用材林、工业原料林基地；在缺薪少柴地区，发展一些薪炭林，以缓解农村烧柴对植被破坏的压力。同时，大力调整林业产业结构，提高精深加工产品的产出，重点发展人造板材。

（七）青藏高原高寒地区

青藏高原高寒地区的主要任务是保护高寒高原典型生态系统。应采取全面的严格保护措施，适当辅以治理措施，防止林、灌、草植被退化，增强高寒湿地涵养水源功能，确保大江大河中下游的生态安全。同时，要加强对野生动物的保护、管理和执法力度。

（八）城市化地区

加大城市森林建设力度，将城市林业发展纳入城市总体发展规划，突出重点，强调游憩林建设和人居林、生态林建设，从注重视觉效果为主向视觉与生态功能兼顾的转变，从注重绿化建设用地面积的增加向提高土地空间利用效率转变，从集中在建成区的内部绿化美化向建立城乡一体的城市森林生态系统转变。

在重视林业生态布局的同时也要重视林业产业布局。东部具有良好的经济社会条件，用政策机制调动积极性，将基干林带划定为国家重点公益林并积极探索其补偿新机制，出台适应平原林业、城市林业和沿海林业特点的木材采伐管理办法，延伸产业，形成一、二、三产业协调发展的新兴产业体系。持续发展，就是要全面提高林业的整体水平，实现少林地区的林业可持续发展。

西部的山西、内蒙古中西部、河南西北部、广西西北部、重庆、四川、贵州、云南、西藏、陕西、甘肃、宁夏、青海、新疆等地为我国生态最脆弱、治理难度最大、任务最艰巨的区域，加快西部地区的生态治理步伐，为西部大开发战略的顺利实施提供生态基础支撑。

南部的安徽南部、湖北、湖南、江西及浙江、福建、广东、广西、海南等林业产业发展最具活力的地区，充分利用南方优越的水利条件和经济社会优势，全面提高林业的质量和效益；加大科技投入，强化科技支撑，以技术升级提升林业的整体水平，充分发挥区域自然条件优势，提高林地产出率，实现生态、经济与社会效益的紧密结合和利益最大化。

北部深入推进辽宁、吉林、黑龙江和内蒙古大兴安岭等重点国有林区天然林休养生息政策，加快改革就是大力改革东北林区森林资源管理体制、经营机制和管理方式，将产业结构由单一的木材采伐利用转变到第一、二、三产业并重上来。加速构筑东北地区以森林植被为主体的生态体系、以丰富森林资源为依托的产业体系、以加快森林发展为对象的服务体系，最终实现重振东北林业雄风的目标。

另外，在进行区域布局时应加强生态文明建设。文明是人类特有的社会现象，"生态文明"是在生态良好、社会经济发达、物质生产丰厚的基础上所实现的人类文明的高级形态；是与社会法律规范和道德规范相协调、与传统美德相承接的良好的社会人文环境、思想理念与行为方式、是经济社会可持续发展的重要标志和先进文化的重要象征，代表了最广大人民群众的根本利益。建立生态文明、经济繁荣的社会，就是要按照以人为本的发展观、不侵害后代人的生存发展权的道德观、人与自然和谐相处的价值观，指导林业建设，弘扬森林文化，改善生态环境，实现山川秀美，推进我国物质文明和精神文明建设，促使人们在思想观念、思维方式、科学教育、审美意识、人文关怀诸方面产生新的变化，逐步从生产方式、消费方式、生活方式等各方面构建生态文明的社会形态。

中国作为最大的发展中国家，正在致力于建设山川秀美、生态平衡、环境整洁的现代文明国家。在生态建设进程中，我们必须把增强国民生态文明意识列入国民素质教育的重要内容。通过多种形式，向国民特别是青少年展示丰富的森林文化，扩大生态文明宣传的深度和广度，增强国民生态忧患意识、参与意识和责任意识。

第二章
现代林业生态工程建设与管理

第一节 现代林业与生态文明建设

一、现代林业与生态建设

维护国家的生态安全必须大力开展生态建设。国家要求"在生态建设中，要赋予林业以首要地位"，这是一个很重要的命题。这个命题至少说明现代林业在生态建设中占有极其重要的位置——首要位置。

为了深刻理解现代林业与生态建设的关系，首先必须明确生态建设所包括的主要内容。坚持节约资源和保护环境的基本国策，关系到人民群众切身利益和中华民族生存发展。必须把建设资源节约型、环境友好型社会放在工业化、现代化发展战略的突出位置，落实到每个单位、每个家庭。要完善有利于节约能源资源和保护生态环境的法律和政策，加快形成可持续发展体制机制。落实节能减排工作责任制。开发和推广节约、替代、循环利用和治理污染的先进适用技术，发展清洁能源和可再生能源，保护土地和水资源，建设科学合理的能源资源利用体系，提高能源资源利用效率。发展环保产业，加大节能环保投入，重点加强水、大气、土壤等污染防治，改善城乡人居环境。加强水利、林业、草原建设，加强荒漠化石漠化治理，促进生态修复。加强应对气候变化能力建设，为保护全球气候做出新贡献。

其次必须认识现代林业在生态建设中的地位。生态建设的根本目的，是为了提升生态环境的质量，提升人与自然和谐发展、可持续发展的能力。现代林业建设对于实现生态建设的目标起着主体作用，在生态建设中处于首要地位。这是因为，森林是陆地生态系统的主体，在维护生态平衡中起着决定作用。林业承担着建设和保护"三个系统一个多样性"的重要职能，即建设和保护森林生态系统、管理和恢复湿地生态系统、改善和治理荒漠生态系统、维护和发展生物多样性。科学家把森林生态系统喻为"地球之肺"，把湿地生态系统喻为"地球之肾"，把荒漠化喻为"地球的癌症"，把生物多样性喻为"地球的免疫系统"。这"三个系统一个多样性"，对保持陆地生态系统的整体功能起着中枢作用和杠杆作用，无论损害和破坏哪一个系统，都会影响地球的生态平衡，影响地球的健康长寿，危及人类生存的根基。只有建设和保护好这些生态系统，维护和发展好生物多样性，人类才能永远地在地球这一共同的美丽家园里繁衍生息、发展进步。

（一）森林被誉为大自然的总调节器，维持着全球的生态平衡

地球上的自然生态系统可划分为陆地生态系统和海洋生态系统。其中森林生态系统是陆地生态系统中组成最复杂、结构最完整、能量转换和物质循环最旺盛、生物生产力最高、生态效应最强的自然生态系统，是构成陆地生态系统的主体，是维护地球生态安全的重要保障，在地球自然生态系统中占有首要地位。森林在调节生物圈、大气圈、水圈、土壤圈的动态平衡中起着基础性、关键性作用。

森林生态系统是世界上最丰富的生物资源和基因库。仅热带雨林生态系统就有200万～400万种生物。森林的大面积被毁，大大加速了物种消失的速度。近200年来，濒临灭绝的物种就有近600种鸟类、400余种兽类、200余种两栖类以及2万余种植物，这比自然淘汰的速度快1000倍。

森林是一个巨大的碳库，是大气中CO_2重要的调节者之一。一方面，森林植物通过光合作用，吸收大气中的CO_2；另一方面，森林动植物、微生物的呼吸及枯枝落叶的分解氧化等过程，又以CO_2、CO、CH_4的形式向大气中排放碳。

森林对涵养水源、保持水土、减少洪涝灾害具有不可替代的作用。

（二）森林在生物世界和非生物世界的能量和物质交换中扮演着主要角色

森林作为一个陆地生态系统，具有最完善的营养级体系，即从生产者（森林绿色植物）、消费者（包括草食动物、肉食动物、杂食动物以及寄生和腐生动物）到分解者全过程完整的食物链和典型的生态金字塔。由于森林生态系统面积大，树木形体高大，结构复杂，多层的枝叶分布使叶面积指数大，因此光能利用率和生产力在天然生态系统中是最高的。除了热带农业以外，净生产力最高的就是热带森林，连温带农业也比不上它。以温带地区几个生态系统类型的生产力相比较，森林生态系统的平均值是最高的。以光能利用率来看，热带雨林年平均光能利用率可达4.5%，落叶阔叶林为1.6%，北方针叶林为1.1%，草地为0.6%，农田为0.7%。由于森林面积大，光合利用率高，因此森林的生产力和生物量均比其他生态系统类型高。据推算，全球生物量总计为1856亿t，其中99.8%是在陆地上。森林每年每公顷生产的干物质量达6～8t，生物总量达1664亿t，占全球的90%左右，而其他生态系统所占的比例很小，如草原生态系统只占4.0%，苔原和半荒漠生态系统只占1.1%。

（三）森林对保持全球生态系统的整体功能起着中枢和杠杆作用

在世界范围内，由于森林剧减，引发日益严峻的生态危机。人类历史初期，地球表面约 2/3 被森林覆盖，约有森林 76 亿 hm²，19 世纪中期减少到 56 亿 hm²。最近 100 多年，人类对森林利用和破坏的程度进一步加重。到 2005 年，世界森林面积已经下降到 39.59 亿 hm²，仅占陆地面积的 30.3%，这就是说，地球上的森林已经减少了一半。联合国发布的《2000 年全球环境展望》指出，人类对木材和耕地的需求，使全球森林减少了 50%，30% 的森林变成农业用地；原始森林 80% 遭到破坏，剩下的原始森林不是支离破碎，就是残次退化，而且分布不均，难以支撑人类文明的大厦。

森林减少是由人类长期活动的干扰造成的。在人类文明之初，人少林茂兽多，常用焚烧森林的办法，获得熟食和土地，并借此抵御野兽的侵袭。进入农耕社会之后，人类的建筑、薪材、交通工具和制造工具等，皆需要采伐森林，尤其是农业用地、经济林的种植用地，皆由原始森林转化而来。工业革命兴起，大面积森林又变成工业原材料。直到今天，毁林开垦、采伐森林，仍然是许多国家经济发展的重要方式。

伴随人类对森林的一次次破坏，接踵而来的是森林对人类的不断报复。古巴比伦文明毁灭了，玛雅文明消失了，黄河文明衰退了。水土流失、土地荒漠化、洪涝灾害、干旱缺水、物种灭绝、温室效应，无一不与森林面积减少、质量下降密切相关。

大量的数据资料表明，20 世纪 90 年代全球灾难性的自然灾害比 60 年代多 8 倍。地球将越来越干旱、燥热、缺水，气候的反复无常也会越来越严重。由于水资源匮乏、土地退化、热带雨林毁坏、物种灭绝、过量捕鱼、大型城市空气污染等问题，地球已呈现全面的生态危机。这些自然灾害与厄尔尼诺现象有关，但人类大肆砍伐森林、破坏环境是导致严重自然灾害的一个重要因素。

我国森林的破坏导致了水患和沙患两大心腹之患。西北高原森林的破坏导致大量泥沙进入黄河，使黄河成为一条悬河。长江流域的森林破坏也是近现代以来长江水灾不断加剧的根本原因。北方几十万平方千米的沙漠化土地和日益肆虐的沙尘暴，也是森林破坏的恶果。人们总是经不起森林的诱惑，只知索取物质材料，却总是忘记森林作为大地屏障、江河的保姆、陆地生态的主体，对于人类的生存具有不可替代的整体性和神圣性。

地球上包括人类在内的一切生物都以其生存环境为依托。森林是人类的摇篮、生存的庇护所，它用绿色装点大地，给人类带来生命和活力，带来智慧和文明，也带来资源和财富。森林是陆地生态系统的主体，是自然界物种最丰富、结构最稳定、功能最完善也最强大的资源库、再生库、基因库、碳储库、蓄水库和能源库，除了能提供食品、医药、木材及其他生产生活原料外，还具有调节气候、涵养水源、保持水土、防风固沙、改良土壤、减少污染、保护生物多样性、减灾防洪等多种生态功能，对改善生态、维持生态平衡、保护人类生存发展的自然环境起着基础性、决定性和不可替代的作用。在各种生态系统中，森林生态系统对人类的影响最直接、最重大也最关键。离开了森林的庇护，人类的生存与发展就会丧失根本和依托。

森林和湿地是陆地最重要的两大生态系统，它们以 70% 以上的程度参与和影响着地球化学循环的过程，在生物界和非生物界的物质交换和能量流动中扮演着主要角色，对保持陆地生态系统的整体功能、维护地球生态平衡、促进经济与生态协调发展发挥着中枢和杠杆作用。林业就是通过保护和增强森林、湿地生态系统的功能来生产出生态产品。这些功能主要包括：吸收 CO_2、释放 O_2、涵养水源、保持水土、净化水质、防风固沙、调节气候、清洁空气、减少噪声、吸附粉尘、保护生物多样性等。

二、现代林业与生物安全

（一）生物安全问题

生物安全是生态安全的一个重要领域。目前，国际上普遍认为，威胁国家安全的不只是外敌入侵，诸如外来物种的入侵、转基因生物的蔓延、基因食品的污染、生物多样性的锐减等生物安全问题也危及人类的未来和发展，也直接影响着国家安全。维护生物安全，对于保护和改善生态环境，保障人的身心健康，保障国家安全，促进经济、社会可持续发展，具有重要的意义。在生物安全问题中，与现代林业紧密相关的主要是生物多样性锐减及外来物种入侵。

1. 生物多样性锐减

由于森林的大规模破坏，全球范围内生物多样性显著下降。根据专家测算，由于森林的大量减少和其他种种因素，现在物种的灭绝速度是自然灭绝速度的 1000 倍。我国的野生动植物资源十分丰富，在世界上占有重要地位。由于我国独特的地理环境，有大量的特有种类，并保存着许多古老的孑遗动植物属种，如有活化石之称的大熊猫、白鳍豚、水杉、银杉等。但随着生态环境的不断恶化，野生动植物的栖息环境受到破坏，对动植物的生存造成极大危害，使其种群急剧减少，有的已灭绝，有的正面临灭绝的威胁。

据统计，麋鹿、高鼻羚羊、犀牛、野马、白臀叶猴等珍稀动物已在我国灭绝。高鼻羚羊是 20 世纪 50 年代以后在新疆灭绝的。大熊猫、金丝猴、东北虎、华南虎、云豹、丹顶鹤、黄腹角雉、白鳍豚、多种长臂猿等 20 个珍稀物种分布区域已显著缩小，种群数量骤减，正面临灭绝危害。我国高等植物中濒危或接近濒危的物种已达 4000 ～ 5000 种，占高等植物总数的 15% ～ 20%，高于世界平均水平。有的植物已经灭绝，如崖柏、雁荡润楠、喜雨草等。一种植物的灭绝将引起 10 ～ 30 种其他生物的丧失。许多曾分布广泛的种类，现在分布区域已明显缩小，且数量锐减。

关于生态破坏对微生物造成的危害，在我国尚未进行相关研究，但一些野生食用菌和药用菌，由于过度采收造成资源日益枯竭的状况越来越严重。

2. 外来物种大肆入侵

根据世界自然保护联盟（IUCN）的定义，外来物种入侵是指在自然、半自然生态系统或生态环境中，外来物种建立种群并影响和威胁到本地生物多样性的过程。毋庸置疑，正确的外来物种的引进会增加引种地区生物的多样性，也会极大丰富人们的物质生活。相反，不适当的引种则会使得缺乏自然天敌的外来物种迅速繁殖，并抢夺其他生物的生存空间，进而导致生态失衡及其他本地物种的减少和灭绝，严重危及一国的生态安全。从某种意义上说，外来物种引进的结果具有一定程度的不可预见性。这也使得外来物种入侵的防治工作显得更加复杂和困难。在国际层面上，目前已制定有以《生物多样性公约》为首的防治外来物种入侵等多边环境条约以及与之相关的卫生、检疫制度或运输的技术指导文件等。

（二）现代林业对保障生物安全的作用

生物多样性包括遗传多样性、物种多样性和生态系统多样性。森林是一个庞大的生物世界，是数以万计的生物赖以生存的家园。森林中除了各种乔木、灌木、草本植物外，还有苔藓、地衣、蕨类、鸟类、兽类、昆虫等生物及各种微生物。据统计，目前地球上500万～5000万种生物中，有50%～70%在森林中栖息繁衍，因此森林生物多样性在地球上占有首要位置。在世界林业发达国家，保持生物多样性成为其林业发展的核心要求和主要标准。

1. 森林与保护生物多样性

森林是以树木和其他木本植物为主体的植被类型，是陆地生态系统中最大的亚系统，是陆地生态系统的主体。森林生态系统是指由以乔木为主体的生物群落（包括植物、动物和微生物）及其非生物环境（光、热、水、气、土壤等）综合组成的动态系统，是生物与环境、生物与生物之间进行物质交换、能量流动的景观单位。森林生态系统不仅分布面积广并且类型众多，超过陆地上的任何其他生态系统，它的立体成分体积大、寿命长、层次多，有着巨大的地上和地下空间及长效的持续周期，是陆地生态系统中面积最大、组成最复杂、结构最稳定的生态系统，对其他陆地生态系统有很大的影响和作用。森林不同于其他陆地生态系统，具有面积大、分布广、树形高大、寿命长、结构复杂、物种丰富、稳定性好、生产力高等特点，是维持陆地生态平衡的重要支柱。

森林拥有最丰富的生物种类。有森林存在的地方，一般环境条件不太严酷，水分和温度条件较好，适于多种生物的生长。而林冠层的存在和森林多层性造成在不同的空间形成了多种小环境，为各种需要特殊环境条件的植物创造了生存的条件。丰富的植物资源又为各种动物和微生物提供了食料和栖息繁衍的场所。因此，在森林中有着极其丰富的生物物种资源。森林中除建群树种外，还有大量的植物包括乔木、亚乔木、灌木、藤本、草本、菌类、苔藓、地衣等。森林动物从兽类、鸟类，到两栖类、爬虫、线虫、昆虫，以及微生物等，不仅种类繁多，而且个体数量大，是森林中最活跃的成分。全世界有500万～5000

万个物种，而人类迄今从生物学上描述或定义的物种（包括动物、植物、微生物）仅有 140 万～170 万种，其中半数以上的物种分布在仅占全球陆地面积 7% 的热带森林里。

森林组成结构复杂。森林生态系统的植物层次结构比较复杂，一般至少可分为乔木层、亚乔木层、下木层、灌木层、草本层、苔藓地衣层、枯枝落叶层、根系层以及分布于地上部分各个层次的层外植物垂直面和零星斑块、片层等。它们具有不同的耐阴能力和水湿要求，按其生态特点分别分布在相应的林内空间小生境或片层，年龄结构幅度广，季相变化大，因此形成复杂、稳定、壮美的自然景观。乔木层中还可按高度不同划分为若干层次。例如，我国东北红松阔叶林地乔木层常可分为三层：第一层由红松组成，第二层由椴树、云杉、裂叶榆和色木等组成，第三层由冷杉、青楷槭等组成。在热带雨林内层次更为复杂，乔木层就可分为四或五层，有时形成良好的垂直郁闭，各层次间没有明显的界限，很难分层。例如，我国海南岛的一块热带雨林乔木层可分为三层或三层以上。第一层由蝴蝶树、青皮、坡垒、细子龙等散生巨树构成，树高可达 40m。第二层由山荔枝、多种厚壳楂、多种蒲桃、多种柿树和大花第伦桃等组成，这一层有时还可分层，下层乔木有粗毛野桐、几种白颜、白茶和藤春等。下层乔木下面还有灌木层和草本层，地下根系存在浅根层和深根层。此外还有种类繁多的藤本植物、附生植物分布于各层次。森林生态系统中各种植物和成层分布是植物对林内多种小生态环境的一种适应现象，有利于充分利用营养空间和提高森林的稳定性。由耐阴树种组成的森林系统，年龄结构比较复杂，同一树种不同年龄的植株分布于不同层次形成异龄复层林。如西藏的藓类长苞冷杉林为多代的异龄天然林，年龄从 40 年生至 300 年生均有，形成比较复杂的异龄复层林。东北的红松也有不少为多世代并存的异龄林，如带岭的一块蕨类榛子红松林，红松的年龄分配延续 10 个龄级，年龄的差异达 200 年左右。异龄结构的复层林是某些森林生态系统的特有现象，新的幼苗、幼树在林层下不断生长繁衍代替老的一代，因此这一类森林生态系统稳定性较强，常常是顶级群落。

森林分布范围广，形体高大，长寿稳定。森林约占陆地积的 29.6%，由落叶或常绿以及具有耐寒、耐旱、耐盐碱或耐水湿等不同特性的树种形成的各种类型的森林（天然林和人工林），分布在寒带、温带、亚热带、热带的山区、丘陵、平地，甚至沼泽、海涂滩地等地方。森林树种是植物界中最高大的植物，由优势乔木构成的林冠层可达十几米、数十米，甚至上百米。我国西藏波密的丽江云杉高达 60～70m，云南西双版纳的望天树高达 70～80m。北美红杉和巨杉也都是世界上最高大的树种，能够长到 100m 以上，而澳大利亚的桉树甚至可高达 150m，树木的根系发达，深根性树种的主根可深入地下数米至十几米。树木的高大形体在竞争光照条件方面明显占据有利地位，而光照条件在植物种间生存竞争中往往起着决定性作用。因此，在水分、温度条件适于森林生长的地方，乔木在与其他植物的竞争过程中常占优势。此外，由于森林生态系统具有高大的林冠层和较深的根系层，因此它们对林内小气候和土壤条件的影响均大于其他生态系统，并且还明显地影响着森林周围地区的小气候和水文情况。

2. 湿地与生物多样性保护

湿地覆盖地球表面仅为 6%，却为地球上 20% 已知物种提供了生存环境。湿地复杂多样的植物群落，为野生动物尤其是一些珍稀或濒危野生动物提供了良好的栖息地，是鸟类、两栖类动物的繁殖、栖息、迁徙、越冬的场所。例如，象征吉祥和长寿的濒危鸟类——丹顶鹤，在从俄罗斯远东迁徙至我国江苏盐城国际重要湿地的 2000km 的途中，要花费约 1 个月的时间，在沿途 25 块湿地停歇和觅食，如果这些湿地遭受破坏，将给像丹顶鹤这样迁徙的濒危鸟类带来致命的威胁。湿地水草丛生特殊的自然环境，虽不是哺乳动物种群的理想家园，却能为各种鸟类提供丰富的食物来源和营巢、避敌的良好条件。可以说，保存完好的自然湿地，能使许多野生生物在不受干扰的情况下生存和繁衍，完成其生命周期，由此保存了许多物种的基因特性。

我国是世界上湿地资源丰富的国家之一，湿地资源占世界总量的 10%，居世界第四位、亚洲第一位。我国 20 世纪末加入《湿地公约》。《湿地公约》划分的 40 类湿地，我国均有分布，是全球湿地类型最丰富的国家。根据我国湿地资源的现状以及《湿地公约》对湿地的分类系统，我国湿地共分为五大类，即四大类自然湿地和一大类人工湿地。自然湿地包括海滨湿地、河流湿地、湖泊湿地和沼泽湿地，人工湿地包括水稻田、水产池塘、水塘、灌溉地，以及农用洪泛湿地、蓄水区、运河、排水渠、地下输水系统等。

3. 森林与外来物种入侵

外来林业有害生物对生态安全构成极大威胁。外来入侵物种通过竞争或占据本地物种生态位，排挤本地物种的生存，甚至分泌释放化学物质，抑制其他物种生长，使当地物种的种类和数量减少，不仅造成巨大的经济损失，更对生物多样性、生态安全和林业建设构成了极大威胁。近年来，随着国际和国内贸易频繁，外来入侵生物的扩散蔓延速度加剧。21 世纪以来，相继发生过刺桐姬小蜂、刺槐叶瘿蚊、红火蚁、西花蓟马、枣实蝇五种外来林业有害生物入侵。已入侵的外来林业病虫害正在扩散蔓延。

（三）加强林业生物安全保护的对策

1. 加强保护森林生物多样性

根据森林生态学原理，在充分考虑物种的生存环境的前提下，用人工促进的方法保护森林生物多样性。一是强化林地管理。林地是森林生物多样性的载体，在统筹规划不同土地利用形式的基础上，要确保林业用地不受侵占及毁坏。林地用于绿化造林，采伐后及时更新，保证有林地占林业用地的足够份额。在荒山荒地造林时，贯彻适地适树营造针阔混交林的原则，增加森林的生物多样性。二是科学分类经营。实施可持续林业经营管理，对森林实施科学分类经营，按不同森林功能和作用采取不同的经营手段，为森林生物多样性保护提供了新的途径。三是加强自然保护区的建设。对受威胁的森林动植物实施就地保护和迁地保护策略，保护森林生物多样性。建立自然保护区有利于保护生态系统的完整性，从而保护森林生物多样性。目前，还存在保护区面积比例不足、分布不合理、用于保护的经费及技术明显不足等问题。四是建立物种的基因库。这是保护遗传多样性的重要途径，同时信息系统是生物多样性保护的重要组成部分。因此，应尽快建立先进的基因数据库，并根据物种存在的规模、生态环境、地理位置建立不同地区适合生物进化、生存和繁衍的基因局域保护网，最终形成全球性基金保护网，实现共同保护的目的。也可建立生境走廊，把相互隔离的不同地区的生境连接起来构成保护网、种子库等。

2. 防控外来有害生物入侵蔓延

一是加快法治进程，实现依法管理。建立完善的法律体系是有效防控外来物种的首要任务。要修正立法目的，制定防控生物入侵的专门性法律，要从国家战略的高度对现有法律法规体系进行全面评估，并在此基础上通过专门性立法来扩大调整范围，对管理的对象、权利与责任等问题做出明确规定。要建立和完善外来物种管理过程中的责任追究机制，做到有权必有责、用权受监督、侵权要赔偿。二是加强机构和体制建设，促进各职能部门行动协调。外来入侵物种的管理是政府一项长期的任务，涉及多个环节和诸多部门，应实行统一监督管理与部门分工负责相结合、中央监管与地方管理相结合、政府监管与公众监督相结合的原则，进一步明确各部门的权限划分和相应的职责，在检验检疫，农、林、牧、渔、海洋、卫生等多个部门之间建立合作协调机制，以共同实现对外来入侵物种的有效管理。三是加强检疫封锁。实践证明，检疫制度是抵御生物入侵的重要手段之一，特别是对于无意引进而言，无疑是一道有效的安全屏障。要进一步完善检验检疫配套法规与标准体系及各项工作制度建设，不断加强信息收集、分析有害生物信息网络，强化疫情意识，加大检疫执法力度，严把国门。在科研工作方面，要强化基础建设，建立控制外来物种技术支持基地；加强检验、监测和检疫处理新技术研究，加强有害生物的生物学、生态学、毒理学研究。四是加强引种管理，防止人为传入。要建立外来有害生物入侵风险的评估方法和评估体系。建立引种政策，建立经济制约机制，加强引种后的监管。五是加强教育引导，提高公众防范意识。还要加强国际交流与合作。

3. 加强对林业转基因生物的安全监管

随着国内外生物技术的不断创新发展，人们对转基因植物的生物安全性问题也越来越关注。可以说，生物安全和风险评估本身是一个进化过程，随着科学的发展，生物安全的概念、风险评估的内容、风险的大小以及人们所能接受的能力都将发生变化。与此同时，植物转化技术将不断在转化效率和精确度等方面得到改进。因此，在利用转基因技术对树木进行改造的同时，我们要处理好各方面的关系。一方面，应该采取积极的态度去开展转基因林木的研究；另一方面，要加强转基因林木生态安全性的评价和监控，降低其可能对生态环境造成的风险，使转基因林木扬长避短，开创更广阔的应用前景。

三、现代林业与人居生态质量

（一）城市森林的功能

发展城市森林、推进身边增绿是建设生态文明城市的必然要求，是实现城市经济社会科学发展的基础保障，是提升城市居民生活品质的有效途径，是建设现代林业的重要内容。经验表明，一个城市只有具备良好的森林生态系统，使森林和城市融为一体，高大乔木绿色葱茏，各类建筑错落有致，自然美和人文美交相辉映，人与自然和谐相处，才能称得上是发达的、文明的现代化城市。当前，我国许多城市，特别是工业城市和生态脆弱地区城市，生态承载力低已经成为制约经济社会科学发展的瓶颈。在城市化进程不断加快、城市生态面临巨大压力的今天，通过大力发展城市森林，为城市经济社会科学发展提供更广阔的空间，显得越来越重要、越来越迫切。近年来，许多国家都在开展"人居森林"和"城市林业"的研究和尝试。事实证明，几乎没有一座清洁优美的城市不是靠森林起家的。比如，奥地利首都维也纳，市区内外到处是森林和绿地，因此被誉为茫茫绿海中的"岛屿"。此外，日本的东京、法国的巴黎、英国的伦敦，森林覆盖率均为30%左右。城市森林是城市生态系统中具有自净功能的重要组成部分，在调节生态平衡、改善环境质量以及美化景观等方面具有极其重要的作用，从生态、经济和社会三个方面为人类带来效益。

净化空气，维持碳氧平衡。城市森林对空气的净化作用，主要表现在能杀灭空气中分布的细菌，吸滞烟灰粉尘，稀释、分解、吸收和固定大气中的有毒有害物质，再通过光合作用形成有机物质。绿色植物能扩大空气负氧离子量，城市林带中空气负氧离子的含量是城市房间里的200～400倍。

调节和改善城市小气候，增加湿度，减弱噪声。城市附近的自然森林对整个城市的降水、湿度、气温、气流都有一定的影响，能调节城市小气候。城市地区及其下风侧的年降水总量比农村地区偏高5%～15%，其中雷暴雨增加10%～15%；城市年平均相对湿度都比郊区低5%～10%，林草能缓和阳光的热辐射，使酷热的天气降温、失燥，给人以舒适的感觉。据测定，夏季乔灌草结构的绿地气温比非绿地低4.8℃，空气湿度可以增加10%～20%，林区同期的三种温度的平均值及年较差都低于市区；四季长度比市区的秋、冬季各长1候，夏季短2候。城市森林对近地层大气有补湿功能。林区的年均蒸发量比市区低19%，其中，差值以秋季最大（25%），春季最小（16%）；年均降水量则林区略多4%，又以冬季为最多（10%），树木增加的空气湿度相当于相同面积水面的10倍。植物通过叶片大量蒸腾水分而消耗城市中的辐射热，并通过树木枝叶形成的浓荫阻挡太阳的直接辐射热和来自路面、墙面和相邻物体的反射热产生降温增湿效益，对缓解城市热岛效应具有重要意义。此外，城市森林可减弱噪声。据测定，绿化林带可以吸收声音的26%，绿化的街道比不绿化的可以降低噪声8～10dB。日本的调查表明，40m宽的林带可以减低噪声10～13dB：高6～7m的立体绿化带平均能减低噪声10～13dB。

维护生物物种的多样性。城市森林的建设可以提高初级生产者（树木）的产量，保持食物链的平衡，同时为兽类、昆虫和鸟类提供栖息场所，使城市中的生物种类和数量增加，保持生态系统的平衡，维护和增加生物物种的多样性。

城市森林带来的社会效益。城市森林社会效益是指森林为人类社会提供的除经济效益和生态效益之外的其他一切效益，包括对人类身心健康的促进、对人类社会结构的改进以及对人类社会精神文明状态的改进。一些研究者认为，森林社会效益的构成因素包括：精神和文化价值、游憩、游戏和教育机会，对森林资源的接近程度，国有林经营和决策中公众的参与，人类健康和安全，文化价值等。城市森林的社会效益表现在美化市容，为居民提供游憩场所。以乔木为主的乔灌木结合的"绿道"系统，能够提供良好的遮阴与湿度适中的小环境，减少酷暑行人曝晒的痛苦。城市森林有助于市民绿色意识的形成。城市森林还具有一定的医疗保健作用。城市森林建设的启动，除了可以提供大量绿化施工岗位外，还可以带动苗木培育、绿化养护等相关产业的发展，为社会提供大量新的就业岗位。

（二）湿地在改善人居方面的功能

湿地与人类的生存、繁衍、发展息息相关，是自然界最富生物多样性的生态系统和人类最主要的生存环境之一，它不仅为人类的生产、生活提供多种资源，而且具有巨大的环境功能和效益，在抵御洪水、调节径流、蓄洪防旱、降解污染、调节气候、控制土壤侵蚀、促淤造陆、美化环境等方面有其他系统不可替代的作用。湿地被誉为"地球之肾"和"生命之源"，由于湿地具有独特的生态环境和经济功能，同森林——"地球之肺"有着同等重要的地位和作用，是国家生态安全的重要组成部分，湿地的保护必然成为全国生态建设的重要任务。湿地的生态服务价值居全球各类生态系统之首，不仅能储藏大量淡水，还具有独一无二的净化水质功能，且其成本极其低廉（人工湿地工程基建费用为传统二级生活性污泥法处理工艺的 1/2～1/3）；运行成本亦极低，为其他方法的 1/6～1/10。因此，湿地对地球生态环境保护及人类和谐持续发展具有极为重要的作用。

物质生产功能。湿地具有强大的物质生产功能，它蕴藏着丰富的动植物资源。七里海沼泽湿地是天津沿海地区的重要饵料基地和初级生产力来源。据初步调查，七里海在20世纪70年代以前，水生、湿生植物群落100多种，其中具有生态价值的约40种，哺乳动物约10种，鱼蟹类30余种。芦苇作为七里海湿地最典型的植物，苇地面积达 7186hm²，具有很高的经济价值和生态价值，不仅是重要的造纸工业原料，又是农业、盐业、渔业、养殖业、编织业的重要生产资料，还能起到防风抗洪、改善环境、改良土壤、净化水质、防治污染、调节生态平衡的作用。

大气组分调节功能。湿地内丰富的植物群落能够吸收大量的 CO_2 放出 O_2，湿地中的一些植物还具有吸收空气中有害气体的功能，能有效调节大气组分。但同时也必须注意到，湿地生境也会排放出甲烷、氨气等温室气体。沼泽有很大的生物生产效能，植物在有机质形成过程中，不断吸收 CO_2 和其他气体，特别是一些有害的气体。沼泽地上的 O_2 很少消耗于死亡植物残体的分解。沼泽还能吸收空气中的粉尘及携带的各种菌，从而起到净化空气的作用。另外，沼泽堆积物具有很大的吸附能力，污水或含重金属的工业废水，通过沼泽能有效减少金属离子和有害成分。

水分调节功能。湿地在时空上可分配不均的降水，通过湿地的吞吐调节，避免水旱灾害。七里海湿地是天津滨海平原重要的蓄滞洪区，安全蓄洪深度3.5～4m，沼泽湿地具有湿润气候、净化环境的功能，是生态系统的重要组成部分。其大部分发育在负地貌类型中，长期积水，生长了茂密的植物，其下根茎交织，残体堆积。据实验研究，每公顷的沼泽在生长季节可蒸发掉7415t水分，可见其调节气候的巨大功能。

净化功能。一些湿地植物能有效地吸收水中的有毒物质，净化水质，如氮、磷、钾及其他一些有机物质，通过复杂的物理、化学变化被生物体储存起来，或者通过生物的转移（如收割植物、捕鱼等）等途径，永久地脱离湿地，参与更大范围的循环。沼泽湿地中有相当一部分的水生植物，包括挺水性、浮水性和沉水性的植物，具有很强的清除毒物的能力，是毒物的克星。正因为如此，人们常常利用湿地植物的这一生态功能来净化污染物中的病毒，有效地清除了污水中的"毒素"，达到净化水质的目的。例如，凤眼莲、香蒲和芦苇等被广泛地用来处理污水，用来吸收污水中浓度很高的重金属镉、铜、锌等。在印度的卡尔库塔市，城内没有一座污水处理场，所有生活污水都排入东郊的人工湿地，其污水处理费用相当低，成为世界性的典范。

提供动物栖息地功能。湿地复杂多样的植物群落，为野生动物尤其是一些珍稀或濒危野生动物提供了良好的栖息地，是鸟类、两栖类动物繁殖、栖息、迁徙、越冬的场所。沼泽湿地特殊的自然环境虽有利于一些植物的生长，却不是哺乳动物种群的理想家园，只有鸟类能在这里获得特殊的享受。因为水草丛生的沼泽环境为各种鸟类提供了丰富的食物来源和营巢、避敌的良好条件。在湿地内常年栖息和出没的鸟类有天鹅、白鹤、大雁、白鹭、苍鹰、浮鸥、银鸥、燕鸥、苇莺、椋鸟等约200种。

调节城市小气候。湿地水分通过蒸发成为水蒸气，然后又以降水的形式降到周围地区，可以保持当地的湿度和降雨量。

能源与航运。湿地能够提供多种能源，水电在我国电力供应中占有重要地位，水能蕴藏占世界第一位，达6.8亿kW，拥有巨大的开发潜力。我国沿海多河口港湾，蕴藏着巨大的潮汐能。从湿地中可直接采挖泥炭用于燃烧；湿地中的林草作为薪材，是湿地周边农村中重要的能源来源。另外，湿地有着重要的水运价值，沿海沿江地区经济的快速发展，很大程度受惠于此。中国约有10万km内河航道，内陆水运承担了大约30%的货运量。

旅游休闲和美学价值。湿地具有自然观光、旅游、娱乐等美学方面的功能，中国有许多重要的旅游风景区都分布在湿地区域。滨海的沙滩、海水是重要的旅游资源，还有不少湖泊因自然景色壮观秀丽而吸引人们前往，并被辟为旅游和疗养胜地，滇池、太湖、洱海、杭州西湖等都是著名的风景区。湿地除可创造直接的经济效益外，还具有重要的文化价值。

尤其是城市中的水体，在美化环境、调节气候、为居民提供休憩空间方面有着重要的社会效益。湿地生态旅游是在观赏生态环境、领略自然风光的同时，以普及生态、生物及环境知识，保护生态系统及生物多样性为目的的新型旅游，是人与自然的和谐共处，是人对大自然的回归。发展生态湿地旅游能提高公共生态保护意识、促进保护区建设，反过来又能向公众提供赏心悦目的景色，实现保护与开发目标的双赢。

教育和科研价值。复杂的湿地生态系统、丰富的动植物群落、珍贵的濒危物种等，在自然科学教育和研究中都有十分重要的作用，它们为教育和科学研究提供了对象、材料和试验基地。一些湿地中保留着过去和现在的生物、地理等方面演化进程的信息，在研究环境演化、古地理方面有着重要价值。

（三）城乡人居森林促进居民健康

科学研究和实践表明，数量充足、配置合理的城乡人居森林可有效地促进居民身心健康，并在重大灾害来临时起到保障居民生命安全的重要作用。

清洁空气。有关研究表明，每公顷公园绿地每天能吸收 900kg 的 CO_2 并生产 600kg 的 O_2；一棵大树每年可以吸收 500 磅（约 450kg）的大气可吸入颗粒物；处于 SO_2 污染区的植物，其体内含硫量可为正常含量的 5 ～ 10 倍。

饮食安全。利用树木、森林对城市地域范围内的受污染土地、水体进行修复，是最为有效的土壤清污手段，建设污染隔离带与已污染土壤片林，不仅可以减轻污染源对城市周边环境的污染，也可以使土壤污染物通过植物的富集作用得到清除，恢复土壤的生产与生态功能。

绿色环境。"绿色视率"理论认为，在人的视野中，绿色达到 25% 时，就能消除眼睛和心理的疲劳，使人的精神和心理最舒适。林木繁茂的枝叶、庞大的树冠使光照强度大大减弱，减少了强光对人的不良影响，营造出绿色视觉环境，也会对人的心理产生多种效应，带来许多积极的影响，使人产生满足感、安逸感、活力感和舒适感。

肌肤健康。医学研究证明：森林、树木形成的绿荫能够降低光照强度，并通过有效地截留太阳辐射，改变光质，对人的神经系统有镇静作用，能使人产生舒适和愉快的情绪，防止直射光产生的色素沉着，还可防止荨麻疹、丘疹、水疱等过敏反应。

维持宁静。森林对声波有散射、吸收功能。在公园外侧、道路和工厂区建立缓冲绿带，都有明显减弱或消除噪声的作用。研究表明，密集和较宽的林带（19 ～ 30m）结合松软的土壤表面，可降低噪声 50% 以上。

自然疗法。森林中含有高浓度的 O_2，丰富的空气负离子和植物散发的"芬多精"，到树林中去沐浴"森林浴"，置身于充满植物的环境中，可以放松身心，舒缓压力。研究表明，长期生活在城市环境中的人，在森林自然保护区生活一周后，其神经系统、呼吸系统、心血管系统功能都有明显的改善，机体非特异免疫能力有所提高，抗病能力增强。

安全绿洲。城市各种绿地对于减轻地震、火灾等重大灾害造成的人员伤亡非常重要，是"安全绿洲"和临时避难场所。此外，在家里种养一些绿色植物，可以净化室内受污染的空气。以前，我们只是从观赏和美化的角度来看待家庭种养花卉。现在，科学家通过测试发现，家庭的绿色植物对保护家庭生活环境有重要作用，如龙舌兰可以吸收室内 70% 的苯、50% 的甲醛等有毒物质。

我们关注生活、关注健康、关注生命，就要关注我们周边生态环境的改善，关注城市森林建设。遥远的地方有森林、有湿地、有蓝天白云、有瀑布流水、有鸟语花香，但对我们居住的城市毕竟遥不可及，亲身体验机会不多。城市森林、树木以及各种绿色植物对城市污染、对人居环境能够起到不同程度的缓解、改善作用，可以直接为城市所用、为城市居民所用，带给城市居民的是日积月累的好处，与居民的健康息息相关。

第二节　现代林业生态工程的建设方法

一、要以和谐的理念来开展现代林业生态工程建设

（一）如何构建和谐林业生态工程项目

构建和谐项目一定要做好五个结合：一是在指导思想上，项目建设要和林业建设、经济建设的具体实践结合起来。如果我们的项目不跟当地的生态建设、经济发展结合起来，就没有生命力。不但没有生命力，而且在未来还可能会成为包袱。二是在内容上要与林业、生态的自然规律和市场经济规律结合起来，才能有效地发挥项目的作用。三是在项目的管理上要按照生态优先，生态、经济兼顾的原则，与以人为本的工作方式结合起来。四是在经营措施上，主要目的树种、优势树种要与生物多样性、健康森林、稳定群落等有机地结合起来。五是在项目建设环境上要与当地的经济发展，特别是解决"三农"问题结合起来。这样我们的项目就能成为一个和谐项目，就有生命力。

构建和谐项目，要在具体工作上一项一项地抓落实。一要检查林业外资项目的机制和体制是不是和谐。二要完善安定有序、民主法治的机制，如林地所有权、经营权、使用权和产权证的发放。三要检查项目设计、施工是否符合自然规律。四要促进项目与社会主义市场经济规律相适应。五要建设整个项目的和谐生态体系。六要推动项目与当地的"三农"问题、社会经济的和谐发展。七要检验项目所定的支付、配套与所定的产出是不是和谐。总之，要及时检查项目措施是否符合已确定的逻辑框架和目标，要看项目林分之间、林分和经营（承包）者、经营（承包）者和当地的乡村组及利益人是不是和谐了。如果这些都能够做到的话，我们的林业投资项目就是和谐项目，就能成为各类林业建设项目的典范。

（二）努力从传统造林绿化理念向现代森林培育理念转变

传统的造林绿化理念是尽快消灭荒山或追求单一的木材、经济产品的生产，容易造成生态系统不稳定、森林质量不高、生产力低下等问题，难以做到人与自然的和谐。现代林业要求引入现代森林培育理念，在森林资源培育的全过程中始终贯彻可持续经营理论，从造林规划设计、种苗培育、树种选择、结构配置、造林施工、幼林抚育规划等森林植被恢复各环节采取有效措施，在森林经营方案编制、成林抚育、森林利用、迹地更新等森林经营各环节采取科学措施，确保恢复、培育的森林能够可持续保持森林生物多样性、充分发挥林地生产力，实现森林可持续经营，实现林业可持续发展，实现人与自然的和谐。

在现阶段，林业工作者要实现营造林思想的"三个转变"：首先，要实现理念的转变，即从传统的造林绿化理念向现代森林培育理念转变；其次，要从原先单一的造林技术向现在符合自然规律和经济规律的先进技术转变；最后，要从只重视造林忽视经营向造林经营并举、全面提高经营水平转变。"三分造，七分管"说的就是重视经营，只有这样，才能保护生物多样性，发挥林地生产力，最终实现森林可持续经营。要牢固树立"三大理念"，即健康森林理念、可持续经营理念、循环经济理念。

科学开展森林经营，必须在营林机制、体制上加大改革力度，在政策上给予大力的引导和扶持，在科技上强化支撑的力度。森林经营范围非常广，不仅是抚育间伐，而应包括森林生态系统群落的稳定性、种间矛盾的协调、生长量的提高等。

二、现代林业生态工程建设要与社区发展相协调

现代林业生态工程与社会经济发展是当今世界现代林业生态工程领域的一个热点，是世界生态环境保护和可持续发展主题在现代林业生态工程领域的具体化。下面通过对现代林业生态工程与社区发展之间存在的矛盾、保护与发展的关系进行概括介绍，揭示其在未来的发展中应注意的问题。

（一）现代林业生态工程与社区发展之间的矛盾

我国是一个发展中的人口大国，社会经济发展对资源和环境的压力正变得越来越大。如何解决好发展与保护的关系，实现资源和环境可持续利用基础上的可持续发展，将是我国在今后所面临的一个世纪性挑战。

在现实国情条件下，现代林业生态工程必须在发展和保护相协调的范围内寻找存在和发展的空间。在我国，以往在林业生态工程建设中采取的主要措施是应用政策和法律的手段，并通过保护机构，如各级林业主管部门进行强制性保护。不可否认，这种保护模式对现有的生态工程建设区域内的生态环境起到了积极的作用，也是今后应长期采用的一种保护模式。但通过上述保护机构进行强制性保护存在两个较大的问题：一是成本较高。对建设区域国家每年要投入大量的资金，日常的运行和管理费用也需要大量的资金注入。在经

济发展水平还较低的情况下，全面实施国家工程管理将受到经济的制约。在这种情况下，应更多地调动社会的力量，特别是广大农村乡镇所在社区对林业的积极参与，只有这样才能使林业生态工程成为一种社会行为，并取得广泛和长期的效果。二是通过行政管理的方式实施林业项目可能会与社区发展的矛盾激化，林业工程实施将项目所在的社区作为主要干扰和破坏因素，而社区也视工程为阻碍社区经济发展的主要制约因素，矛盾的焦点就是自然资源的保护与利用。可以说，现代林业生态工程是为了国家乃至人类长远利益的伟大事业，是无可非议的，而社区发展也是社区的正当权利，是无可指责的，但目前的工程管理模式无法协调解决这个保护与发展的基本矛盾。因此，采取有效措施促进社区的可持续发展，对现代林业生态工程的积极参与，并使之受益于保护的成果，使现代林业生态工程与社区发展相互协调将是今后我国现代林业生态工程的主要发展方向，它也是将现代林业生态工程的长期利益与短期利益、局部利益与整体利益有机地结合在一起的最好形式，是现代林业生态工程可持续发展的具体体现。

（二）现代林业生态工程与社区发展的关系

如何协调经济发展与现代林业生态工程的关系已成为可持续发展主题的重要组成部分。社会经济发展与现代林业生态工程之间的矛盾是一个世界性的问题，在我国也不例外，在一些偏远农村这个矛盾表现得尤为突出。这些地方自然资源丰富，但却没有得到合理利用，或利用方式违背自然规律，贫穷并没有得到根本的改变。在面临发展危机和财力有限的情况下，大多数地方政府虽然对林业生态工程有一定的认识和各种承诺，但实际投入却很少，这也是造成一些地区生态环境不断退化和资源遭到破坏的一个主要原因，而且这种趋势由于地方经济发展的利益驱动有进一步加剧的可能。从根本上说，保护与发展的矛盾主要体现在经济利益上，因此，分析发展与保护的关系也应主要从经济的角度进行。

从一般意义上说，林业生态工程是一种公益性的社会活动，为了自身的生存和发展，我们对林业生态工程将给予越来越高的重视。但对于工程区的农民来说，他们为了生存和发展则更重视直接利益。如果不能从中得到一定的收益，他们在自然资源使用及土地使用决策时，对林业生态工程就不会表现出多大的兴趣。事实也正是如此，当地社区在林业生态工程和自然资源持续利用中得到的现实利益往往很少，潜在和长期的效益一般需要较长时间才能被当地人所认识。与此相反，林业生态工程给当地农民带来的发展制约却是十分明显的，特别是在短期内，农民承担着林业生态工程造成的许多不利影响，如资源使用和环境限制，以及退出耕地造林导致收入减少等，所以他们知道林业生态工程虽是为了整个人类的生存和发展，但在短期内产生的成本却使当地社区牺牲了一些发展的机会，使自身的经济发展和社会发展都受到一定的影响。

从系统论的角度分析，社区包含两个大的子系统，一个是当地的生态环境系统，另一个是当地的社区经济系统，这两个系统不是孤立和封闭的。从生态经济的角度看，这两个系统都以其特有的方式发挥着它们的影响。当地社区的自然资源既是当地林业生态工程的重要组成部分，又是当地社区社会经济发展最基础的物质源泉，这就不可避免地使保护和发展在资源的利益取向上对立起来。只要世界上存在发展和保护的问题，它们之间的矛盾就是一个永恒的主题。

基于上述分析可以得出，如何协调整体和局部利益是解决现代林业生态工程与社区发展之间矛盾的一个关键。在很多地区，由于历史和地域的原因，其发展都是通过对自然资源进行粗放式的、过度的使用来实现的，如要他们放弃这种发展方式，采用更好的发展模式是勉为其难和不现实的。因而，在处理保护与发展的关系时要公正和客观地认识社区的发展能力和发展需求。具体来说，解决现代林业生态工程与社区发展之间矛盾的可能途径主要有三条：一是通过政府行为，即通过一些特殊和优惠的发展政策来促进所在区域的社会经济发展，以弥补由于实施林业生态工程给当地带来的损失。由于缺乏成功的经验和成本较大等原因，目前采纳这种方式比较困难，但可以预计，政府行为将是在大范围和从根本上解决保护与发展之间矛盾的主要途径。二是在林业生态工程和其他相关发展活动中用经济激励的方法，使当地的农民在林业生态工程和资源持续利用中能获得更多的经济收益。这就是说要寻找一种途径，既能使当地社区从自然资源获得一定的经济利益，又不使资源退化，使保护和发展的利益在一定范围和程度内统一在一起，这是目前比较适合农村现状的途径，其原因是这种方式涉及面小、比较灵活、实效性较强、成本也较低。三是通过综合措施，即将政府行为、经济激励和允许社区对自然资源适度利用等方法结合在一起，使社区既能从林业生态工程中获取一定的直接收益，又能获得外部扶持及政策优惠，这条途径可以说是解决保护与发展矛盾的最佳选择，但它涉及的问题多、难度大，应是今后长期发展的目标。

三、要实行工程项目管理

所谓工程项目管理是指项目管理者为了实现工程项目目标，按照客观规律的要求，运用系统工程的观点、理论和方法，对执行中的工程项目的进展过程中各阶段工作进行计划、组织、控制、沟通和激励，以取得良好效益的各项活动的总称。

一个建设项目从概念的形成、立项申请、进行可行性研究分析、项目评估决策、市场定位、设计、项目的前期准备工作、开工准备、机电设备和主要材料的选型及采购、工程项目的组织实施、计划的制订、工期质量和投资控制，直到竣工验收、交付使用，经历了很多不可缺少的工作环节，其中任何一个环节的成功与否都直接影响工程项目的成败。而工程项目的管理实际是贯穿了工程项目的形成全过程，其管理对象是具体的建设项目，而管理的范围是项目的形成全过程。

建设项目一般都有一个比较明确的目标，但下列目标是共同的：有效地利用有限的资金和投资，用尽可能少的费用、尽可能快的速度和优良的工程质量建成工程项目，使其实现预定的功能交付使用，并取得预定的经济效益。

（一）工程项目管理的五大过程

1. 启动

批准一个项目或阶段，并且有意向往下进行的过程。

2. 计划

制定并改进项目目标，从各种预备方案中选择最好的方案，以实现所承担项目的目标。

3. 执行

协调人员和其他资源并实施项目计划。

4. 控制

通过定期采集执行情况数据，确定实施情况与计划的差异，便于随时采取相应的纠正措施，保证项目目标的实现。

5. 收尾

对项目的正式接收，达到项目有序结束。

（二）工程项目管理的工作内容

工程项目管理的工作内容很多，但具体来讲主要有以下五个方面的职能。

1. 计划职能

将工程项目的预期目标进行筹划安排，对工程项目的全过程、全部目标和全部活动统统纳入计划的轨道，用一个动态的可分解的计划系统来协调控制整个项目，以便提前揭露矛盾，使项目在合理的工期内以较低的造价高质量地协调有序地达到预期目标，因此讲工程项目的计划是龙头，同时计划也是管理。

2. 协调职能

对工程项目的不同阶段、不同环节，与之有关的不同部门、不同层次之间，虽然都各有自己的管理内容和管理办法，但它们之间的接合部往往是管理最薄弱的地方，需要有效的沟通和协调，而各种协调之中，人与人之间的协调又最为重要。协调职能使不同的阶段、不同环节、不同部门、不同层次之间通过统一指挥形成目标明确、步调一致的局面，同时通过协调使一些看似矛盾的工期、质量和造价之间的关系，时间、空间和资源利用之间的关系也得到了充分统一，所有这些对于复杂的工程项目管理来说无疑是非常重要的工作。

3. 组织职能

在熟悉工程项目形成过程及发展规律的基础上，通过部门分工、职责划分，明确职权，建立行之有效的规章制度，使工程项目的各阶段、各环节、各层次都有管理者分工负责，形成一个具有高效率的组织保证体系，以确保工程项目的各项目标的实现。这里特别强调的是，要充分调动起每个管理者的工作热情和积极性，充分发挥每个管理者的工作能力和长处，以每个管理者完美的工作质量换取工程项目的各项目标的全面实现。

4. 控制职能

工程项目的控制主要通过对目标的提出和检查，目标的分解，合同的签订和执行，各种指标、定额和各种标准、规程、规范的贯彻执行，以及实施中的反馈和决策来实现的。

5. 监督职能

监督的主要依据是工程项目的合同、计划、规章制度、规范、规程和各种质量标准、工作标准等，有效的监督是实现工程项目各项目标的重要手段。

四、要用参与式方法来实施现代林业生态工程

（一）参与式方法的概念

参与式方法是 20 世纪后期确立和完善起来的一种主要用于与农村社区发展内容有关项目的新的工作方法和手段，其显著特点是强调发展主体积极、全面地介入发展的全过程，使相关利益者充分了解他们所处的真实状况、表达他们的真实意愿，通过对项目全程参与，提高项目效益，增强实施效果。具体到有关生态环境和流域建设等项目，就是要变传统"自上而下"为"自下而上"的工作方法，让流域内的社区和农户积极、主动、全面地参与到项目的选择、规划、实施、监测、评价、管理中来，并分享项目成果和收益。参与式方法不仅有利于提高项目规划设计的合理性，同时也更易得到各相关利益群体的理解、支持与合作，从而保证项目实施的效果和质量。这是目前各国际组织在发展中国家开展援助项目时推荐并引入的一种主要方法。与此同时，通过促进发展主体（如农民）对项目全过程的广泛参与，帮助其学习掌握先进的生产技术和手段，提高可持续发展的能力。

引进参与式方法能够使发展主体所从事的发展项目公开透明，把发展机会平等地赋予目标群体，使人们能够自主地组织起来，分担不同的责任，朝着共同的目标努力工作，在发展项目的制定者、计划者以及执行者之间形成一种有效、平等的"合伙人关系"。参与式方法的广泛运用，可使项目机构和农民树立参与式发展理念并运用到相关项目中去。

（二）参与式方法的程序

1. 参与式农村评估

参与式农村评估是一种快速收集农村信息资料、资源状况与优势、农民愿望和发展途径的新方法。这种方法可促使当地居民不断加强对自身与社区及其环境条件的理解，通过实地考察、调查、讨论、研究，与技术、决策人员一道制订出行动计划并付诸实施。

在生态工程启动实施前，一般对项目区的社会经济状况进行调查，了解项目区的贫困状况、土地利用现状、现存问题，询问农民的愿望和项目初步设计思想，同政府官员、技

术人员和农民一起商量最佳项目措施，改善当地生态环境和经济生活条件。

参与式农村评估的方法有半结构性访谈、划分农户贫富类型、制作农村生产活动规划、绘制社区生态剖面、分析影响发展的主要或核心问题、寻找发展机会等。

具体调查步骤：首先，评估组与项目县座谈，了解全县情况和项目初步规划以及规划的做法，选择要调查的项目乡镇、村和村民组；其次，到项目村和村民组调查土地利用情况，让农民根据自己的想法绘制土地利用现状草图、土地资源分布剖面图、农户分布图、农事活动安排图，倾听农民对改善生产生活环境的意见，并调查项目村、组的社会经济状况和项目初步规划情况等；再次，根据农民的标准将农户分成 3 ～ 5 个等次，在每个等次中走访 1 个农户，询问的主要内容包括人口，劳力，有林地、荒山、水田、旱地面积，农作物种类及产量，详细收入来源和开支情况，对项目的认识和要求等，介绍项目内容和支付方法，并让农民重新思考希望自家山场种植的树种和改善生活的想法；最后，隔 1 ～ 3 天再回访，收集农民的意见，现场与政府官员、林业技术人员、农民商量，找出大家都认同的初步项目措施，避免在项目实施中出现林业与农业用地、劳力投入与支付、农民意愿与规划设计、项目林管护、利益分配等方面的矛盾，保证项目的成功和可持续发展。

2. 参与式土地利用规划

参与式土地利用规划是以自然村／村民小组为单位，以土地利用者（农民）为中心，在项目规划人员、技术人员、政府机构和外援工作人员的协助下，通过全面系统地分析当地土地利用的潜力和自然、社会、经济等制约因素，共同制订未来土地利用方案及实施的过程。这是一种自下而上的规划，农户是制订和实施规划的最基本单元。参与式土地利用规划的目的是让农民能够充分认识和了解项目的意义、目标、内容、活动与要求，真正参与自主决策，从而调动他们参与项目的积极性，确保项目实施的成功。参与式土地利用规划的参与方有：援助方（国外政府机构、非政府组织和国际社会等）、受援方的政府、目标群体（农户、村民小组和村民委员会）、项目人员（承担项目管理与提供技术支持的人员）。

之所以采用参与式土地利用规划是因为过去实施的同类项目普遍存在以下问题：（1）由于农民缺乏积极性和主动性导致造林成活率低及林地管理不善。这是因为他们没有参与项目的规划及决策过程，而只是被动地执行，对于为什么要这样做、这样做会有什么好处也不十分清楚，所以认为项目是政府的而不是自己的，自己参与一些诸如造林等工作只不过是出力拿钱而已，至于项目最终搞成什么样子，与己无关。（2）由于树种选择不符或者种植技术及管理技术不当导致造林成活率和保存率低，林木生长不良。（3）由于放牧或在造林地进行农业活动等导致造林失败。

通过参与式土地利用规划过程，则可以起到以下作用：（1）激发调动农民的积极性，使农民自一开始就认识到本项目是自己的项目，自己是执行项目的主人。（2）分析农村社会经济状况及土地利用布局安排，确定制约造林与营林管护的各种因子。（3）在项目框架条件下根据农民意愿确定最适宜的造林地块、最适宜的树种及管护安排。（4）鼓励农民进行未来经营管理规划。（5）尽量事先确认潜在土地利用冲突，并寻找对策，防患于未然。

参与式土地利用规划（PLUP）并没有严格固定的方法，主要利用一系列具体手段和工具促进目标群体即农民真正参与，确保多数村民参与共同决策并制订可行的规划方案。以下以某地中德合作生态造林项目来对一般方法步骤进行介绍：

第一步：技术培训。由德方咨询专家培训县项目办及乡镇林业站技术人员，使他们了解和掌握PLUP操作方法。

第二步：成立项目PLUP小组，收集各乡及行政村自然、社会、经济的基本材料，准备项目宣传材料（如"大字报"、传单），准备1：1000地形图、文具纸张、参与项目的申请表、规划设计表、座谈会讨论提纲与记录表等，向乡镇和行政村介绍项目情况。

第三步：项目PLUP小组进驻自然村（村民小组）与村民组长、农民代表一起踏查山场，并召开第一次自然村（村民小组）村民会议，向村民组长和村民介绍项目内容及要求、土地利用规划的程序与方法，向村民发放宣传材料、参与项目申请表、造林规划表，了解并确认村民参与项目的意愿和实际能力，了解自然村（村民小组）自然、社会、经济及造林状况和本村及周边地区以往林业发展方面的经验和教训，鼓励村民自己画土地利用现状草图，讨论该自然村（村民小组）的土地利用现状、未来土地利用规划、需要造林或封山育林的地块及相应的模型、树种等。

第四步：农民自己讨论土地利用方案并确定造林地块、选择造林树种和管护方式，农民自己拟定小班并填写造林规划表，村民约定时间与项目人员进行第二次座谈讨论村民自己的规划。在这个阶段，技术人员的规划建议内容应更广，要注意分析市场，防止规模化发展某一树种可能带来的潜在市场风险。

第五步：召开第二次自然村（村民小组）村民会议，村民派代表或村民组长介绍自己的土地利用规划及各个已规划造林小班状况，项目人员与农民讨论他们自己规划造林小班及小班内容的可行性。农民对树种，尤其是经济林品种信息的了解较少，技术人员在规划建议中应向农民介绍具有市场前景的优良品种供农民参考。

第六步：现地踏查并将相关地理要素和规划确定的小班标注到地形图上，现场论证其技术上的可行性和有无潜在的矛盾和冲突，最终确定项目造林小班。项目人员还应计算小班面积并返还给农民，农民内部确定单个农户的参与项目面积，并重新登记填写项目造林规划表。

第七步：召开第三次村民座谈会（最后一次），制订年度造林计划，讨论农户造林合同的内容，讨论项目造林可能引起的土地利用矛盾与冲突的解决办法，讨论确定项目造林管护的村规民约。

第八步：以乡为单位统计汇总各自然村（村民小组）参与式造林规划的成果，然后由乡政府主持评审并同意盖章上报县林业局项目办，县林业局项目办组织人员对上报的乡进行巡回技术指导和检查，省项目办和监测中心人员到县监测与评估参与式造林规划成果是否符合项目的有关规定，最终经专家评估确认后，由县项目办报县政府批准实施。

第九步：签订造林合同，一式三份，县项目办、乡林业站或乡政府和农户各保留一份。

3. 参与式监测与评估

运用参与式进行项目的监测与评价要求利益双方均参与，它是运用参与式方法进行计划、组织、监测和项目实施管理的专业工具和技术，能够促进项目活动的实施得到最积极的响应，能够很迅速地反馈经验、最有效地总结经验教训，提高项目实施效果。

在现代林业生态工程参与式土地利用规划结束时，对项目规划进行参与式监测与评估的目的是：评价参与式土地利用规划方法及程序的使用情况，检查规划完成及质量情况，发现问题并讨论解决方案，提出未来工作改进建议。

参与式监测与评估的方法是：在进行参与式土地利用的规划过程中，乡镇技术人员主动发现和自我纠正问题，监测中心、县项目办人员到现场指导规划工作，并检查规划文件与村民组实际情况的一致性；其间，省项目办、监测中心、国内外专家不定期到实地抽查；当参与式土地利用规划文件准备完成后，县项目办向省项目办提出评估申请；省项目办和项目监测中心派员到项目县进行监测与评估；最后，由国内外专家抽查评价。评估小组至少由两人组成：项目监测中心负责参与式土地利用规划的代表一名和其他县项目办代表一名。他们都是参加过参与式土地利用规划培训的人员。

参与式监测与评估的程序是：评估小组按照省项目办、监测中心和国际国内专家研定的监测内容和打分表，随机检查参与式土地利用规划文件，并抽查 1～3 个村民组进行现场核对，对文件的完整性和正确性打分，如发现问题，与县乡技术人员以及农民讨论存在的困难，寻找解决办法。评估小组在每个乡镇至少要检查 50% 的村民组（行政村）规划文件，对每份规划文件给予评价，并提出进一步完善意见，如果该乡镇被查文件的 70% 通过了评估，则该乡镇的参与式土地利用规划才算通过了评估。省项目办、监测中心和国际国内专家再抽查评估小组的工作，最后给予总体评价。

第三节 现代林业生态工程的管理机制

林业生态工程管理机制是系统工程，借鉴中德财政合作造林项目的管理机制的成功经验，针对不同阶段、不同问题，我们研究整理出建立国际林业生态工程管理机制应包含组织管理、规划管理、工程管理、资金管理、监测评估、信息管理、激励惩戒、示范推广、人力保障、审计保障十大机制。

一、组织管理机制

省、市、县、乡（镇）均成立项目领导组和项目管理办公室。项目领导组组长一般由政府主要领导或分管领导担任，林业和相关部门负责人为领导组成员，始终坚持把林业外资项目作为林业工程的重中之重抓紧抓实。项目领导组下设项目管理办公室，作为同级林业部门的内设机构，由林业部门分管负责人兼任项目管理办公室主任，设专职副主任，配备足够的专职和兼职管理人员，负责项目实施与管理工作。同时，项目领导组下设独立的项目监测中心，定期向项目领导组和项目办提供项目监测报告，及时发现施工中出现的问题并分析原因，建立项目数据库和图片资料档案，评价项目效益，提交项目可持续发展建议等。

二、规划管理机制

按照批准的项目总体计划（执行计划），在参与式土地利用规划的基础上编制年度实施计划。从山场规划、营造的林种树种、技术措施方面尽可能地同农民讨论，并引导农民改变一些传统的不合理习惯，实行自下而上、多方参与的决策机制。参与式土地利用规划中可以根据山场、苗木、资金、劳力等实际情况进行调整，用"开放式"方法制订可操作的年度实施计划。项目技术人员召集村民会议、走访农户、踏查山场等，与农民一起对项目小班、树种、经营管理形式等进行协商，形成详细的图、表、卡等规划文件。

三、工程管理机制

以县、乡（镇）为单位，实行项目行政负责人、技术负责人和施工负责人责任制，对项目全面推行质量优于数量、以质量考核实绩的质量管理制。为保证质量管理制的实行，上级领导组与下级领导组签订行政责任状，林业主管单位与负责山场地块的技术人员签订技术责任状，保证工程建设进度和质量。项目工程以山脉、水系、交通干线为主线，按区域治理、综合治理、集中治理的要求，合理布局，总体推进。工程建设大力推广和应用林业先进技术，坚持科技兴林，提倡多林种、多树种结合，乔灌草配套，防护林必须营造混交林。项目施工保护原有植被，并采取水土保持措施（坡改梯、谷坊、生物带等），禁止炼山和全垦整地，营建林区步道和防火林带，推广生物防治病虫措施，提高项目建设综合效益。推行合同管理机制，项目基层管理机构与农民签订项目施工合同，明确双方权利和义务，确保项目成功实施和可持续发展。项目的基建工程和车辆设备采购实行国际、国内招标或"三家"报价，项目执行机构成立议标委员会，选择信誉好、质量高、价格低、后期服务优的投标单位中标，签订工程建设或采购合同。

四、资金管理机制

项目建设资金单设专用账户，实行专户管理、专款专用，县级配套资金进入省项目专户管理，认真落实配套资金，确保项目顺利进展，不打折扣。实行报账制和审计制。项目县预付工程建设费用，然后按照批准的项目工程建设成本，以合同、监测中心验收合格单、领款单、领料单等为依据，向省项目办申请报账。经审计后，省项目办给项目县核拨合格工程建设费用，再向国内外投资机构申请报账。项目接受国内外审计，包括账册、银行记录、项目林地、基建现场、农户领款领料、设备车辆等的审计。项目采用报账制和审计制，保证了项目任务的顺利完成、工程质量的提高和项目资金使用的安全。

五、监测评估机制

项目监测中心对项目营林工程和非营林工程实行按进度全面跟踪监测制，选派一名技术过硬、态度认真的专职监测人员到每个项目县常年跟踪监测，在监测中使用 GIS 和 GPS 等先进技术。营林工程监测主要监测施工面积和位置、技术措施（整地措施、树种配置、栽植密度）、施工效果（成活率、保存率、抚育及生长情况等），非营林工程监测主要由项目监测中心在工程完工时现场验收，检测工程规模、投资和施工质量。监测工作结束后，提交监测报告，包括监测方法、完成的项目内容及工作量、资金用量、主要经验与做法、监测结果分析与评价、问题与建议等，并附上相应的统计表和图纸等。

六、信息管理机制

项目建立计算机数据库管理系统，连接 GIS 和 GPS，及时准确地掌握项目进展情况和实施成效，科学地进行数据汇总和分析。项目文件、图表卡、照片、录像、光盘等档案实行分级管理，建立项目专门档案室（柜），订立档案管理制度，确定专人负责立卷归档、查阅借还和资料保密等工作。

七、激励惩戒机制

项目建立激励机制，对在项目规划管理、工程管理、资金管理、项目监测、档案管理中做出突出贡献的项目人员，给予通报表彰并颁发奖金和证书，做到事事有人管、人人愿意做。在项目管理中出现错误的，要求及时纠正；出现重大过错的，视情节予以处分甚至调离项目队伍。

八、示范推广机制

全面推广林业科学技术成果和成功的项目管理经验。全面总结外资项目的营造林技术、水土保持技术和参与式土地利用规划、合同制、报账制、评估监测以及审计、数字化管理等经验，应用于林业生产管理中。

九、人力保障机制

根据林业生产与发展的技术需求，引进一批国际专家和科技成果，加大林业生产的科技含量。组织林业管理、技术人员到国外考察、培训、研修、参加国际会议等，开阔视野，提高人员素质，注重培养国际合作人才，为林业大发展积蓄潜力，扩大林业对外合作的领域，推进多种形式的合资合作，大力推进政府各部门间甚至民间的林业合作与交流。

十、审计保障机制

省级审计部门按照外资项目规定的审计范围和审计程序，全面审查省及项目县的财务报表、总账和明细账，核对账表余额，抽查会计凭证，重点审查财务收支和财务报表的真实性；并审查项目建设资金的来源及运用，包括：审核报账提款原始凭证，资金的入账、利息、兑换和拨付情况；对管理部门内部控制制度进行测试评价；定期向外方出具无保留意见的审计报告。外方根据项目实施进度，于项目中期和竣工期委派国际独立审计公司审计项目，检查省项目办所有资金账目，随机选择项目县全县项目财务收支和管理情况，检查设备采购和基建三家报价程序和文件，并深入项目建设现场和农户家中，进行施工质量检查和劳务费支付检查。

第四节　现代林业生态工程建设领域的新应用

林业是国民经济的基础产业，肩负着优化环境和促进发展的双重使命，不可避免地受到新技术、新材料、新方法的影响，而且已渗透到林业生产的各个方面，对林业生态建设的发展和功能的发挥起到了巨大的推动作用。林业生态建设的发展，事关经济、社会的可持续发展。林业新技术、新材料、新方法的进步是林业生态建设发展的关键技术支撑。

一、信息技术

信息技术是新技术革命的核心技术与先导技术，代表了新技术革命的主流与方向。计算机的发明与电子技术的迅速发展，为整个信息技术的突破性进展开辟了道路。微电子技术、智能机技术、通信技术、光电子技术等重大成就，使得信息技术成为当代高技术最活跃的领域。由于信息技术具有高度的扩展性与渗透性、强大的纽带作用与催化作用、有效的节省资源与节约能源功能，不仅带动了生物技术、新材料技术、新能源技术、空间技术与海洋技术的突飞猛进，而且它自身也开拓出许多新方向、新领域、新用途，推动整个国民经济以至社会生活各个方面的彻底改变，为人类社会带来了最深刻、最广泛的信息革命。信息革命的直接目的和必然结果，是扩展与延长人类的信息功能，特别是智力功能，使人类认识世界和改造世界的能力发生了一个大的飞跃，使人类的劳动方式发生革命性的变化，开创人类智力解放的新时代。

自20世纪50年代美国率先将计算机引入林业以来，经过半个世纪，它从最初的科学运算工具发展到现在的综合信息管理和决策系统，促进林业的管理技术和研究手段发生了很大的变化。特别是近几年，计算机和数据通信技术的发展，为计算机的应用提供了强大的物质基础，极大地推动了计算机在林业上的应用向深层发展。现在，计算机已成为林业科研和生产各个领域的最新且最有力的手段和必备工具。

（一）信息采集和处理

1. 野外数据采集技术

以往传统的野外调查都以纸为记录数据的媒介，它的缺点是易脏、易受损，数据核查困难。近年来，随着微电子技术的发展，一些发达国家出现了一种野外电子数据装置（EDRs），它以直流电池为电源，微处理器控制，液晶屏幕显示，具有携带方便和容易操作的特点。利用 EDRs 在野外调查的同时即可将数据输入临时存储器，回来后，只须通过一根信号线就可将数据输入中心计算机的数据库中。若适当编程，EDRs 还可在野外进行数据检查和预处理。目前，美国、英国和加拿大都生产 EDRs，欧美许多国家都已在林业生产中运用。

2. 数据管理技术

收集的数据需要按一定的格式存放，才能方便管理和使用。因此，随着计算机技术发展起来的数据库技术，一出现就受到林业工作者的青睐，世界各国利用此技术研建了各种各样的林业数据库管理系统。

3. 数据统计分析

数据统计分析是计算机在林业中应用最早也是最普遍的领域。借助计算机结合数学统计方法，可以迅速地完成原始数据的统计分析，如分布特征、回归估计、差异显著性分析和相关分析等，特别是一些复杂的数学运算，如迭代等，更能发挥计算机的优势。

（二）决策支持系统技术

决策支持系统（DSS）是多种新技术和方法高度集成化的软件包。它将计算机技术和各种决策方法（如线性规划、动态规划和系统工程等）相结合，针对实际问题，建立决策模型，进行多方案的决策优化。目前国际林业支持系统的研究和应用十分活跃，在苗圃管理、造林规划、天然更新、树木引种、间伐和采伐决策、木材运输和加工等方面都有成果涌现。最近，决策支持系统技术的发展已经有了新的动向，群体 DSS、智能 DSS、分布式的 DSS 已经出现，相信未来的决策支持系统将是一门高度综合的应用技术，将向着集成化、智能化的方向迈进，也将会给林业工作者带来更大的福音。

（三）人工智能技术

人工智能（AI）是处理知识的表达、自动获取及运用的一门新兴科学，它试图通过模仿诸如演绎、推理、语言和视觉辨别等人脑的行为，来使计算机变得更为有用。AI 有很多分支，在林业上应用最多的专家系统（ES）就是其中之一。专家系统是在知识水平上处理非结构化问题的有力工具。它能模仿专门领域里专家求解问题的能力，对复杂问题做专家水平的结论，广泛地总结不同层面的知识和经验，使专家系统比任何一个人类专家更具权威性。人工智能技术的分支如机器人学、计算机视觉和模式识别、自然语言处理以及神经网络等技术在林业上的应用还处于研究试验阶段。但有倾向表明，随着计算机和信息技术的发展，人工智能将成为计算机应用的最广阔的领域。

（四）3S技术

3S是指遥感（RS）、地理信息系统（GIS）和全球定位系统（GPS），它们是随着电子、通信和计算机等尖端科学的发展而迅速崛起的高新技术，三者有着紧密的联系，在林业上应用广泛。

遥感是通过航空或航天传感器来获取信息的技术手段。利用遥感可以快速、廉价地得到地面物体的空间位置和属性数据。近年来，随着各种新型传感器的研制和应用，使得遥感特别是航天遥感有了飞速发展。遥感影像的分辨率大幅度提高，波谱范围不断扩大。特别是星载和机载成像雷达的出现，使遥感具有了多功能、多时相、全天候能力。在林业中遥感技术被用于土地利用和植被分类、森林面积和蓄积估算、土地沙化和侵蚀监测、森林病虫害和火灾监测等。

地理信息系统是以地理坐标为控制点，对空间数据和属性数据进行管理和分析的技术工具。它的特点是可以将空间特性和属性特征紧密地联系起来，进行交互方式的处理，结合各种地理分析模型进行区域分析和评价。林业中地理信息系统能够提供各种基础信息（地形、河流、道路等）和专业信息的空间分布，是安排各种森林作业如采伐抚育、更新造林等有力的决策工具。

全球定位系统是利用地球通信卫星发射的信息进行空中或地面的导航定位。它具有实时、全天候等特点，能及时准确地提供地面或空中目标的位置坐标，定位精度可达100m至几毫米。林业中全球定位系统可用于遥感地面控制、伐区边界测量、森林调查样点的导航定位、森林灾害的评估等诸多方面。

三个系统各有侧重，互为补充。RS是GIS重要的数据源和数据更新手段，而GIS则是RS数据分析评价的有力工具；GPS为RS提供地面或空中控制，它的结果又可以直接作为GIS的数据源。因此，3S已经发展成为一门综合的技术，世界上许多国家在森林调查、规划、资源动态监测、森林灾害监测和损失估计、森林生态效益评价等诸多方面应用了3S技术，已经形成了一套成熟的技术体系。可以预期，随着计算机软硬件技术水平的不断提高，3S技术将不断完善，并与决策支持系统、人工智能技术、多媒体等技术相结合，成为一门高度集成的综合技术，开辟更广阔的应用领域。

（五）网络技术

计算机网络是计算机技术与通信技术结合的产物，它区别于其他计算机系统的两大特征是分布处理和资源共享。它不仅改变了人们进行信息交流的方式，实现了资源共享，而且使计算机的应用进入了新的阶段，也将对林业生产管理和研究开发产生深远的影响。

二、生物技术

生物技术是人类最古老的工程技术之一，又是当代的最新技术之一，古今之间有着发展中的联系，又有着质的飞跃和差别。这个突破主要导因是 20 世纪 50 年代分子生物学的诞生与发展。特别是 70 年代崛起的现代生物工程，其重要意义绝不亚于原子裂变和半导体的发现。作为当代新技术革命的关键技术之一，生物技术包括四大工艺系统，即基因工程、细胞工程、酶工程和发酵工程。基因工程和细胞工程是在不同水平上改造生物体，使之具有新的功能、新的性状甚或新改造的物种，因而它们是生物技术的基础，也是生物技术不断发展的两大技术源泉；而酶工程和发酵工程则是使上述新的生物体及其新的功能和新的性状企业化与商品化的工艺技术，所以它们是生物技术产生巨大社会、经济效益的两根重要支柱。在短短的 20 年间，生物技术在医药、化工、食品、农林牧、石油采矿、能源开发、环境保护等众多领域取得了一个又一个突破，产生一股史无前例的革命洪流，极大地改变着世界的经济面貌和人类的生活方式。生物技术对于 21 世纪的影响，就像物理学和化学对 20 世纪的影响那样巨大。

植物生物技术的快速发展也给林业带来了新的生机和希望。分子生物学技术和研究方法的更新和突破，使得林木物种研究工作出现勃勃生机。

（一）林木组培和无性快繁

林木组培和无性快繁技术对保存和开发利用林木物种具有特别重要的意义。由于林木生长周期长，繁殖力低，加上 21 世纪以来对工业用材及经济植物的需求量有增无减，单靠天然更新已远远不能满足需求。近几十年来，经过几代科学家的不懈努力，如今一大批林木、花卉和观赏植物可以通过组培技术和无性繁殖技术，实现大规模工厂化生产。这不仅解决了苗木供应问题，而且为长期保存和应用优质种源提供了重要手段，同时还为林木基因工程、分子和发育机制的进一步探讨找到了突破口。尤其是过去一直被认为是难点的针叶树组培研究，如今也有了很大的突破，如组培生根、芽再生植株、体细胞胚诱导和成年树的器官幼化等。

（二）林木基因工程和细胞工程

林木转基因是一个比较活跃的研究领域。近几年来成功的物种不断增多，所用的目的基因也日趋广泛，最早成功的是杨树。到目前为止，有些项目开始或已经进入商品化操作阶段。在抗虫方面，有表达 BT 基因的杨树、苹果、核桃、落叶松、花旗松、火炬松、云杉和表达蛋白酶抑制剂的杨树等。在抗细菌和真菌病害方面，有转特异抗性基因的松树、栎树和山杨、灰胡桃（黑窝病）等。在特殊材质需要方面，利用反义基因技术培育木质素低含量的杨树、桉树、灰胡桃和辐射松等。此外，抗旱、耐湿、抗暴、耐热、抗盐、耐碱等各种定向林木和植物正在被不断地培育出来，有效地拓展了林业的发展地域和空间。

（三）林木基因组图谱

利用遗传图谱寻找数量性状位点也成为近年的研究热点之一。一般认为，绝大多数重要经济性状和数量性状是由若干个微效基因的加性效应构成的。可以构建某些重要林木物种的遗传连锁图谱，然后根据其图谱，定位一些经济性状的数量位点，为林木优良性状的早期选择和分子辅助育种提供证据。目前，已经完成或正在进行遗传图谱构建的林木物种有杨树、柳树、桉树、栎树、云杉、落叶松、黑松、辐射松和花旗松等。主要经济性状定位的有林积、材重、生长量、光合率、开花期、生根率、纤维产量、木质素含量、抗逆性和抗病虫能力等。

（四）林木分子生理和发育

研究木本植物的发育机制和它们对环境的适应性，也由于相关基因分离和功能分析的深入进行而逐步开展起来，并取得了应用常规技术难以获得的技术进展，为林业生产和研究提供了可靠的依据。

三、新材料技术

林业新材料技术研究从复合材料、功能材料、纳米材料、木材改性等方面探索。重点是林业生物资源纳米化，木材功能性改良和木基高分子复合材料、重组材料的开发利用，木材液化、竹藤纤维利用、抗旱造林材料、新品种选育等方面研究，攻克关键技术，扶持重点研究和开发工程。

四、新方法推广

从林业生态建设方面来看，重点是加速稀土林用技术、除草剂技术、容器育苗、保水剂、ABT 生根粉、菌根造林、生物防火隔离带、水土保持技术、生物防火阻隔带技术等造林新方法的推广应用。这些新方法的应用和推广，将极大地促进林业生态工程建设发展。

第三章
现代林业生态工程项目水土保持与火灾预防

第一节 林业工程项目与水土保持

在造林过程中，无论是林地清理还是造林整地，总会扰动地表植被、土壤，甚至破坏地表土壤结构，形成一定的破土面积，使得原先比较坚实的土壤变得疏松多孔，虽然疏松多孔的土壤有助于蓄水保水，但如果保护不好就可能造成水土流失。因此在造林整地过程中，首先，要注意尽可能保持地表原生植被，尽量减少破土面积，提高整地的质量，将造林整地过程中的破土面积控制在一定的范围内，以防止造成更为严重的水土流失；其次，要注意营造混交林，通过增加物种多样性，提高地表覆盖，避免径流形成与减少水土流失；最后，要加强抚育管理，保持林木健康生长和林地的持续经营，减少水土流失，增强其生态与经济效益。

一、造林地清理与水土保持

（一）林地清理可能造成的水土流失

造林地的清理就是在翻垦土壤前，对造林地上的灌木、杂草等植被进行清除，或者是对采伐地中的枝丫、梢头、伐根、站杆、倒木等剩余物进行清理的一道工序。其目的是为了改善造林地的卫生状况，为翻垦土壤、整地、林木栽植、幼林抚育等作业创造有利条件。

通过不同形式的清理，创造不同的微地形和气候，以适应不同生物学生态学特性树种的需求。例如，全面清理更适合喜光树种的更新造林，而局部清理适用于耐阴树种的营造；植被清理后，还减少了植被对于养分的直接消耗，增加了土壤中的有机质含量，改变了土壤的物理性质，有利于土壤微生物的活动，加速了营养元素的循环，加快了土壤中的供应。通过林地清理将迹地中与幼林进行竞争的杂草、灌木清除，从而减少造林地内土壤水分和养分的消耗，还可将残留的病木带出林地，以破坏病虫赖以滋生的环境，减轻病虫的危害。

造林地清理也有利于播下的种子萌发和新栽苗木的成活，并促进幼林的生长。

在清理造林地时，会不同程度地造成地面的水土流失。从水土资源和养分的保持效果来看，未清理最好，带状清理次之，火烧清理最差。无论何种清理方式，水土流失量和养分流失量均随坡度的提高而增加，当坡度小于8°时，火烧清理的水土流失量较轻，但坡度大于15°时，水土流失极为严重，在此坡度以上的迹地应禁止用火烧清理。因此，过度清理天然植被，会改变土壤理化性质，造成土壤条件恶化，导致水土流失。所以应因地制宜地选择合适的林地清理方式与方法。

（二）清理方式与水土保持

林地清理方式有全面清理、带状清理和块状清理三种。在造林地清理过程中，应根据造林地的植被种类和覆盖度、采伐剩余物的数量和分布、造林方式以及经济条件等因素来决定清理方式的使用。

1. 全面清理

全面清理是全部清除天然植被和采伐剩余物的清理方式，包括全面割除和化学清理。全面清理工作量大，增加造林成本，适用于坡度缓、土层厚、营造经济林和速生用材林的造林地，便于机械化栽植和今后的抚育。

2. 带状清理

带状清理是以种植行为中心呈带状地清理其两侧植被，并将采伐剩余物或被清除植被堆成条状的清理方式，主要是割除和化学药剂处理。该方法适用于坡度陡、土层薄、营造用材林和干杂果经济林的造林地。

3. 块状清理

块状清理是以种植穴为中心呈块状地清理其周围植被，使用的清理方法主要是割除和化学药剂处理。适用于地形破碎、坡度陡、土层薄、营造防护林的造林地，较灵活、省工。

不同的清理方式有不同的效果和适用条件。其中全面清理的清理效果最好，但由于全面清理清除了造林地上所有的植被，造成地表裸露，造林地失去了原有的保护层，易造成水土流失。带状清理能够产生良好的造林地清理效果，同时在清理过程中保留的天然植物带可以在很大程度上防治水土流失，保护幼苗幼树，提高造林成活率，因此在生产上被广泛地使用。块状清理的清理效果较差，因此在生产上仅用于病虫害少、杂草灌木稀疏的陡坡防护林造林地或营造耐阴的树种。

（三）清理方法与水土保持

1. 割除清理法

通过割除的方法，不但能将造林地表面的杂草割除，而且不破坏土壤结构，此外保留在土壤内的杂草根系，能增加土壤的抗蚀性和抗冲性，预防水土流失。割除清理主要用手工工具和割灌机进行，割除清理的方法适用于杂木林、灌木、杂草繁茂的荒山荒坡及植被已经恢复的老采伐迹地等。一般地区多采取带割的方法，带宽1～3m，随植被的高度而不同，割除带沿等高线布设。割下的灌木、杂草平铺在地表，可以有效覆盖地面，防止水土流失，而且杂草、灌木腐烂后也可以改善土壤理化性质。

2. 化学处理法

当造林地上的植被比较繁杂、造林地的地形复杂，人工清理具有一定困难时可采用化学药剂清理。化学药剂清理效果显著且具有省时、省工、经济、不造成水土流失和使用方便等优点。目前使用比较广泛的化学药剂主要有：2，4-D（2，4-二氯苯氧乙酸）、2，4，5-T（2，4，5-三氯苯氧乙酸）、草甘麟、茅草枯、百草枯、五氯酚钠、阿特拉津、西玛津等。运用化学药剂清理造林地时，所选用的化学药剂种类、浓度、用量以及喷洒时间，应根据植物的特性、生长发育状况以及气候等条件决定。化学清理也具有弊端，如化学药剂运输不方便、不安全，用量和用法掌握不当会造成环境污染且可能对人畜造成毒害，残留的药剂会对更新的幼苗幼树造成毒害，杀死有益的生物，化学药剂在使用时也可能会受到限制等，因此化学药剂清理法应视造林地的具体情况而定。

3. 堆积清理法

堆积清理包括堆腐法、带腐法和撒铺法。堆腐法是指把采伐剩余物截短后堆成堆，置于林地内让其腐烂。此法经济易行，在实践中得到广泛应用，一般堆的长、宽、高以不超过2.0×1.5×1.0m为宜。堆的位置应选在没有幼树的空地上或低洼地，对侵蚀沟以填平为主，但不要影响有正常排水作用的小河或小溪的流动。带腐法是指在皆伐迹地上常应用的一种宽1.0～1.5m、高约1m的带状堆腐。与堆腐法相比，具有省工、便于更新作业的进行和能起到一定水土保持作用的优点，在坡度较大的迹地上，采伐剩余物较多、较粗的枝条时，这些优点尤为明显。撒铺法就是将采伐剩余物截成长0.5～1.0m的小段，均匀地撒布或带状平铺在迹地上任其腐烂。一般多在干燥、瘠薄陡坡地方应用这种方法。

二、造林地整地与水土保持

（一）整地的水土保持作用

整地是指造林前通过人工措施对造林地的环境条件进行改善，以使其适合林木生长的措施。整地可改善造林地的土壤理化性质与土壤的温度、湿度等微气候立地条件，促进直播种子快速吸水膨胀，生根出土；栽植的苗木根系愈合快，发生新根多，水分供需均衡，苗木可以顺利成活。整地后，土壤疏松，土层加厚，灌木、杂草及石块被清除，苗木根系向土层深处及四周伸展的机械阻力减小，促进林木根系及地上部分生长。

整地是一种坡面上的简易水土保持工程，它可以形成一定的积水容积，把一时来不及渗透的降水储蓄起来，避免形成地表径流而产生水土流失。同时，在水土流失严重的地区，整地是水土保持工作中的生物措施（造林种草）的一个重要环节。人工林浓密的树冠、庞大的根系和丰富的枯落物具有涵养水源、改良和保持土壤的巨大效能，是预防水土流失的重要武器。整地通过促进人工林的成活与生长，促进人工林尽快郁闭成林，发挥其良好的水土保持作用。

在山坡进行整地对保持水土的作用是通过如下途径实现的：第一，改变小地形，把坡面局部改为平地、反坡或下洼地，改变了地表径流的形成条件，在一旦地表径流形成时，又可避免其过分汇聚，减少流量，延缓流速。第二，均匀分布在坡面上的整地部位，可以有效地积水，把截得的地表径流分散保蓄。第三，整地后土壤疏松，水分下渗快，可以更多地渗入土壤内。

（二）整地方式与水土保持

整地方式可分为全面整地和局部整地。局部整地又可分为带状整地和块状整地。

1. 全面整地

全面整地是对造林地进行全部土壤翻耕。这种方式对造林地土壤环境的影响面大，对土壤理化性质的改善效果较好，对造林地上杂草、灌木的清除较为彻底，对促进苗木成活、生长有积极作用。全面整地后土壤疏松，蓄水能力增强：但与此同时，全面整地破坏土壤的表层结构，由于表土裸露，抗侵蚀能力也相应减弱，加剧了土壤和养分的流失。为减少因全面整地而造成的水土流失，山地区均不采用全面整地方式。

2. 局部整地

局部整地只翻耕造林地局部地段土壤，与播种或苗木栽植部位直接发生联系。局部整地方式可进一步区分为带状整地和块状整地两类。

（1）带状整地

带状整地是在造林地上，按照一定的方向和规格条带状翻耕土壤。带状整地具有良好的改善立地条件的效果，对于保持水土具有积极作用，同时也便于机械化作业。带状整地的具体方法有水平阶、水平沟、环山水平带等。带状整地方式随造林地立地条件不同所采取的方法各异，特别是受地形条件的支配作用较大，并受整地目的、造林地植被条件、水土流失特点等的限制。带状整地应充分考虑水土流失特点，尽可能达到最大的水土保持效果。整地应视退化山地植被恢复区的造林地坡度大小选择穴垦、带垦或梯级整地方式，破土面积控制在 25% 以下。一般地，在退化山地坡度小于 15° 的直面上，采用水平阶、水平沟等阶梯整地方式。在坡度为 15～25° 时，采用穴垦、沿等高线的带状垦殖，带宽视整地目的和植被状况在 1～3m 不等；带长依地形变化而定，应注意避免水土流失，条带过长易产生汇集径流的冲刷。当坡度大于 25° 时，主要采用穴垦整地，"品"字形排列，一般采用鱼鳞坑整地方式。此外，在滨海盐碱地改良区，可采用台条田带状整地方式进行整地。

①水平沟整地

整地方向沿山坡等高线进行。梯形水平沟的设置为"品"字形，利于保持水土。梯形水平沟规格为上口宽 0.6～0.8m，沟底宽约 0.4m，沟深 40～60cm，外侧斜面约 45°，内侧斜面约 35°，沟长 4～6m，水平沟间距 2～3m。挖沟时用底土培坡，表土填入沟内，以保证植苗部位有较好的肥力条件。水平沟整地适于 1～20°的坡地。由于沟深，容积大，具有拦蓄径流、保持水土的作用。

②水平阶整地

沿等高线将坡面修整成台阶状的阶面，阶面水平或稍许内倾。阶面宽窄因坡地条件而定，石质山地较窄，为 0.6～0.8m；土石山地较宽，为 1.0～1.5m；阶长无一定标准，视地形情况，6～10m；台阶面外缘培埂。整地时从坡下开始，先修下边的台阶，向上修第二台阶时，将表土下翻到第一台阶上，修第三台阶时再把表土投到第二台阶上，依此类推修筑各级台阶。水平阶整地适用于 15～20°的坡面，具有一定的改善立地条件作用，整地规格因地形条件可灵活掌握。水平阶整地多应用于砂石山区土层和风化程度较厚、具有植被覆盖的造林地。

③台条田整地

在滨海盐碱地改良区，可采用筑台、条田的方法进行整地，宽一般为 30～70m，台面四周高，里面低，便于拦截天然降水，并且有排水设施，尽可能降低土壤含盐量。

（2）块状整地

块状整地是在造林地上，按照一定的要求和规格块状地翻耕土壤。块状整地在各种立地条件的造林地均可采用，并且破土面小，对于保持水土作用较大，省工省力，灵活方便。块状整地更适宜于坡度陡、土层薄、地形破碎的退化山地以及经营条件较差的边远地区的荒山荒地。块状整地的方法有穴状、块状、鱼鳞坑整地等。

①穴状整地

为圆形坑穴，穴面与原坡面持平或稍向内倾斜，穴径一般为 0.3～0.5m，深 0.4m。穴状整地主要运用于生态造林项目的盐碱地改良区，也可在退化山地植被恢复区根据小地形的变化灵活选定整地位置。一般按造林株行距确定穴间距离。坑穴间排列呈三角形，整地投工数量少，成本较低。

②块状整地

为正方形或矩形穴状，穴面与原坡面持平或稍向内倾斜，边长 0.3～0.4m，深度 0.3m，外侧可培坡；在土层深厚的平原区边长可在 0.5m 以上。块状整地破土面小，灵活性强，适于各种立地条件，具有蓄水保墒、保持水土的功能。在退化山地植被恢复区一般用于植被较好、土层较厚的坡面，在地形较破碎的地段，可采用小规格；地形较为完整的地段，可适当放大规格，供培育经济林或改造低价值林分用。

③鱼鳞坑整地

坑穴为近似半月形的破土面，坑穴间排列呈三角形。挖坑时先把表土堆在坑的上方，把生土堆在坑的左侧或右侧，把石块和母质堆在坑的下方，将熟土和生土再填入坑内，坑穴的下方外缘用石块和母质做成半环状坡，坡高 10～20cm。坑穴的月牙角上要制成斜沟（引水沟），以蓄积雨水。坑内侧可做成蓄水沟与引水沟连通。为避免造成更大的水土流失，结合小苗、小坑整地原则和退化山地的土壤厚度，鱼鳞坑的规格大小主要采用长径为 0.4～0.6m，短径 0.3～0.5m，坑深 0.3～0.4m，坑距为 2～3m。鱼鳞坑整地适用于退化山地植被恢复区，具有比较好的水土保持效果，鱼鳞坑整地主要用于退化山地 25°以上的坡地。

（三）整地规格与水土保持

造林整地规格主要是指整地的断面形式、深度、宽度、长度和间距等，这些指标都不同程度地影响着造林整地的质量。断面形式是指整地时翻垦部分与原地面构成的断面形状。整地的主要目的是为了更多拦蓄降水，增加土壤湿度，防止水土流失。整地深度对整地效果的影响最大，增加整地深度不仅有利于根系的生长发育，还有利于提高土壤的蓄水保墒能力。

1.造林整地规格

（1）整地深度

整地深度是整地各种技术指标中最重要的一个指标。整地深度在改善立地条件方面作用显著，有助于为林木的生长发育创造适宜的环境。在确定整地深度时，主要考虑造林地的气候特点、立地条件和苗木根系大小。

（2）整地宽度

局部整地时的整地宽度，应以在自然条件允许和经济条件可能的前提下，力争最大限度地改善造林地的立地条件为原则。确定破土宽度一般需要根据下列条件：

①发生水土流失的可能性

整地既是保持水土的措施，又是引起水土流失的原因，所以，整地的宽度不宜过大。

②坡度的大小

在陡坡，如果破土宽度太大，断面内切过深，土体不稳，容易塌陷，既费工，又造成水土流失。缓坡整地的宽度就可以大一些。

③植被状况

在有植被覆盖的造林地上，杂灌木越高，遮阴范围越大，破土宽度也应越大，以保证幼林的地上部分和根系有较大的伸展余地，在与杂、灌、草的竞争中处于有利地位。

④树种要求的营养面积

经济林树种要有较大的营养面积。破土穴或带间的距离，主要根据造林地的坡度和植被状况等而定。在陡坡、植被稀少、水土流失严重的地方，带（或穴）间保留的宽度可以大些，原则上应使其保留带所产生的地表径流量能为整地带（穴）所容纳。

（3）整地长度

整地破土面积的长度，主要是指带状整地带的边长。在山地上，破土面的长度随地形破碎程度、裸岩分布和坡度而不同。一般地形越破碎，影响整地施工的障碍越多，破土的长度应越小，坡度越陡，破土面长度也应越小，因为在有些条件下，长度过大，破土面不易保持水平，反而会使地表径流大量汇集沿坡流下造成冲刷。破土面长度大些，有利于种植点的均匀配置。

（4）断面形式

破土面与原地面所构成的断面形式一般多与造林地区的气候特点和造林地的立地条件相适应。在一些生态造林项目中，为了更多地积蓄大气降水，减少蒸发，增加土壤湿度，破土面可低于原地面（或坡面），与原地面（或坡面）成一定角度，以构成一定的积水容积。

2. 不同穴状整地规格的水土保持效果

挖大穴破土面大，出土量多，弃土面（挖穴时从穴中挖出的土覆盖林地面积）也大，引起的水土流失可能率也大。穴的规格越大，弃土面积越大，由此而造成的水土流失也就越严重。因此，从水土保持的角度而言，在山地造林时，在保证苗木成活率的前提下，尽可能减小植穴规格，减少水土流失。退化山地植被恢复区的整地规格保持在 $30 \times 30 \times 20 \, cm$ 至 $40 \times 40 \times 30 \, cm$。

（四）整地方法与水土保持

不同整地方式的破土面积与水土流失均有一定差异。其中穴状整地和鱼鳞坑整地破土面积小，不易引起水土流失，土方量小，减小了劳动强度，但由于穴状和鱼鳞坑小，在降水强度较大时容易造成水蚀。水平阶和水平梯田的破土面积大、土方量大、人工整地劳动强度大，易引起水蚀，但对强降水有很好的拦截作用。造林地的实际水土流失量的大小，会因破土面积大小、整地后坡度大小、坡面整地工程蓄水聚土能力大小等大幅度变化，是可以调控的。研究表明随着破土面积的增大，水土流失情况也会随之加大，因此在生产中应严格控制破土面积。

当坡度陡（大于25°）、土层薄（小于20cm）时，采用穴状整地，整地规格 $0.4 \times 0.4 \times 0.3 \, m$，破土面积控制在5%以内；坡度为20~25°、土层厚度为20~30cm时，采用鱼鳞坑整地，整地规格 $0.5 \, m \times 0.4 \, m \times 0.3 \, m$，破土面积控制在8%以内；坡度为15°~20°，土层厚度为30~40cm时，采用水平阶整地，水平阶宽度1.0~1.5m，破土面积控制在15%以内。

三、混交林营造与水土保持

（一）混交林树种选择及其水土保持

1. 混交林树种选择的意义

混交林由于能够更充分利用营养空间，把不同生物学特性的树种进行混交，充分利用不同时期、不同层次范围内的光照、水分和各种营养物质；改善立地条件作用明显，混交林冠层厚，枯落物多，枯落物腐烂分解后改良土壤理化性状和土壤结构，提高土壤肥力，蓄水保土功能强。混交林冠层浓密，根系深广，枯落物丰富，涵养水源，保持水土的作用大；抗御火灾的能力强，营造混交林可以防止树冠火和地表火的蔓延和发展；病虫害轻微，有病有虫不成灾。然而，混交林的这一切优势必须以树种的合理搭配为前提，如果树种搭配不当，就会导致某个树种被压制，甚至被排挤掉，致使混交林变成纯林，混交林失败。

2. 混交树种选择的原则

首先，必须明确混交的目的及主要树种的生理生态学特性，然后提出一系列可能的混交树种，分析它和主要树种之间可能产生的种间关系，是否有利于达到混交的目的，以此作为选定混交树种的主要准则。从这一点出发，混交树种必须具有促进主要树种生长、稳定的特性，或具有加强发挥全林分其他性能（防护作用、观赏价值等）的特性。其次，混交树种和主要树种之间要具有不同生态要求及不同根型的树种一起混交，一般希望混交树种稍耐阴，生长也较慢。通过选择合适的混交树种，加快林木的生长与郁闭，增强地表覆盖，减少降雨对地表的打击与溅蚀，同时地表因积累众多的枯枝落叶层而增强蓄水保土与涵养水源的功能，减少水土流失。为选择适宜的混交树种，一般应遵循以下原则：

（1）符合造林目的

营造混交林要根据造林目的来选择主要树种和伴生树种。如营造用材林要选择生长快、材质优良、生产力高的树种。在生态造林中则主要考虑生态防护功能强、稳定而长寿的树种，如乔木与灌木树种混交，对分散地表径流、固定土壤、防止侵蚀等方面有较大的作用。

（2）混交树种能充分利用光能

一般情况下，喜光树种常居林冠上层，中等耐阴树种居中层，耐阴树种居下层。林冠合理分层有助于提高林分生物量的积累，促进林分高产。因此，选择喜光树种和耐阴树种混交，常形成复层树冠，能充分利用地上空间和光照。复层树冠的形成，一方面，有利于截留降雨，减少到达地表的降雨量，减少地表径流形成的可能；另一方面，复层树冠通过林冠截留降低降雨的动能，减缓降雨对地表的打击和侵蚀，避免产生更大的水土流失。

（3）注意树种根系的差异

树木通过根从土壤中获取水分和养分，根系不同，根系分布的土层不同，可以更好地利用土壤中的水分和养分，避免互相竞争，深根性树种和浅根性树种之间的混交在土壤、水分、养分上分层吸收，避免同层土壤的相互竞争。深根性树种与浅根性树种在土壤内部相互交织，可以形成强大的根网，增强对土壤的固持能力和抗土壤侵蚀能力。

（4）有利于改善立地条件

林分地力的维持和提高取决于林木养分的归还量和林木养分的循环速度。由于针叶树种的落叶灰分少，难分解，所以针叶纯林不利于林分地力的维持和提高。而阔叶树叶灰分丰富，容易腐烂分解，某些固氮能力较强的树种，可以直接给土壤补充营养物质。因此，提倡营造针阔混交林，以便有效地改善林地的立地条件，控制水土流失的进一步发生。而且针阔叶混交林，既可改善立地，增强水分的入渗能力，减少地表径流的形成，又可通过枯枝落叶保蓄水分与土壤，达到水土保持的目的。

（5）树种间无共同的病虫害

选择树种时，应避免有共同病虫害的树种混交在一起，以便有效地防止病虫害迅速地大面积蔓延，便于防治。另外，在混交林中，病虫害的天敌较多，可以更好地发挥生物除害的作用，不但有利于减少病虫害的发生，还能减少防治费用，降低防治成本，保护环境，间接提高经济效益。良好生长且无病虫害的林分，可充分发挥其改良土壤、增加枯落物的能力，以此达到水土保持的目的。

（二）混交方式、混交类型与水土保持

1. 混交方式

混交树种确定以后，选择合理的混交方式是营造混交林成功的关键要素之一。混交方式乃是不同树种的植株在混交林中的配置方式。在实际生产过程中，混交方式归纳起来有株间混交、行间混交、带状混交、块状混交、星状混交和植生组混交，有的研究者也将上述混交方式归纳为四类，即株间混交（包括星状混交、零星混交）、行间混交（包括纯行与混交行交替、行内分组混交）、带状混交（包括宽带状混交）、块状混交（包括"品"字形混交、带状分组混交、不规则片状混交、植生组混交）。通过合理的混交方式，减少树木生长间的竞争与矛盾，加快林分的尽快郁闭，发挥其改良土壤与改善环境的功能，达到减少水土流失的目的。

（1）株间混交

株间混交是最灵活的混交方式，株间混交可以是行内隔株混交两个树种；也可允许一些树种采用较少的混交比例，隔几株栽一株，此时称为零星混交。株间混交时两个树种的种植点位置靠得很近，当种间有矛盾时，这种矛盾表现得最早，也最难以调节。

株间混交是最不安全的方式，而且混交关系不稳定，但如果树种选择得当，种间互助占主导地位，则此混交方式就最善于利用种间互助关系。株间混交除了不安全以外，还有施工麻烦的缺点，施工时要求较高的技术条件。因为此种混交方式形成的林分不稳定，水土保持效果不显著，因此林业工程项目中不用此种混交方式。

（2）行间混交

行间混交即每隔一行就换一个树种的混交。行间混交简化了造林工作，用这种方式混交时，种间关系表现较迟，当相邻行树种间发生矛盾时，行内已郁闭，因而比较稳定，来得及进行人为干涉。行间混交方式应用较广，要求技术条件不高，容易形成比较稳定的林分，该林分水土保持效果也比较好，因此在林业工程项目中常常采用此种混交方式。

（3）带状混交

带状混交时，一个树种连续栽几行（一般在3行以上）成一带，再换别的树种；当混交带在7行以上时，可称为宽带状混交。带状混交的主要意义在于抗风、防火及病虫害隔离。带状混交方式由于施工简便，较为安全，在生产上应用广泛。

（4）块状混交

块状混交分规则和不规则两种。用规则的块状混交时，把造林地划分成很多正方形（"品"字形混交）或长方形（带状分组混交）的块状地，在每个地块上按一定的株行距栽上一种树种，此方式也适用于种间矛盾较大的树种营造防护林和水土保持用材林。块状混交时块的边长一般为30～50m或更大。至于具体块状混交林的大小应根据每一地块的坡度和土层厚度栽植适宜的树种，形成块状混交。在带状分组混交时，不一定把长方块先划好，而在造林地分带进行种植，在带内随地形等因子的变化而改换树种，因此更为灵活。在小地形变化明显的造林地上可采用不规则的片状混交，因地制宜地达到适地适树及混交的目的。在滨海盐碱地改良区常常采用规则混交，而在退化山地植被恢复区则根据地形情况常采用不规则混交。

2. 混交类型

混交类型是根据树种在混交林中的地位及其生物学特性、生长型等人为地搭配在一起而成的树种组合类型。通过人为地搭配树种，使得树种间尽可能地实现其营造林功能与目的，尽可能地减少树种间的资源分配竞争，使得树种能迅速生长、尽快覆盖地表，或者通过主要树种与伴生树种、主要树种与灌木树种形成复层林，减少降雨对地表的打击溅蚀和地表径流的冲刷侵蚀，达到水土保持的目的。混交类型主要有以下几种：

（1）主要树种与主要树种混交

这种类型的混交反映用材林和防护林中两种以上的目的树种混交时的相互关系。两种主要树种混交，可以充分利用地力，同时获得多种经济价值较高的木材和更好地发挥其防护效益。

（2）主要树种与伴生树种混交

这种类型的混交林林分生产率较高，防护性能较好，稳定性较强。主要树种与伴生树种混交多构成复层混交林林相，主要树种居第一林层，伴生树种位于其下，组成第二林层。

（3）主要树种与灌木混交

主要树种与灌木混交，种间矛盾比较缓和，林分稳定。混交初期灌木可以为乔木树种创造侧方庇荫、护土和改良土壤；林分郁闭以后，因在林冠下见不到足够的阳光，灌木便趋于衰老。在一些混交林中，灌木死亡，可以为乔木树种腾出较大的营养空间，起到调节林分密度的作用。主要树种与灌木树种之间的矛盾也易调节，因为灌木大多具有较强的萌芽能力，在其妨碍主要树种生长时，可以将地上部分砍去，使其重新萌芽。如侧柏紫穗槐混交林、黑松紫穗槐混交林、麻栎连翘混交林以及五角枫扶芳藤混交林等。

（4）主要树种、伴生树种与灌木混交

该混交类型反映由主要树种、伴生树种和灌木树种共同组成的混交林中的树种间相互关系，一般称为综合性混交类型。如黑松黄栌连翘混交林、刺槐黄栌扶芳藤混交林、侧柏黄栌连翘混交林以及麻栎黄栌紫穗槐混交林等。

（5）针阔混交

该混交类型是侧柏黄栌混交、侧柏刺槐混交、侧柏五角枫混交、侧柏栾树混交、黑松刺槐混交、黑松麻栎混交、黑松五角枫混交以及黑松栾树混交等。

（三）造林密度与水土保持

造林密度的大小对林木的生长、发育、产量和质量均有重大影响。国家林业局颁发的《造林技术规程》中提出了中国主要造林树种的适宜造林密度。但是，由于各地地域、气候条件及树种等因素的影响，造林密度有所不同。因此，营造人工林时必须从各自的实际出发，因地制宜，才能达到最佳效果，产生最佳效益。

1.造林密度与林分的关系

（1）造林密度与林木生长的关系

造林密度和树木生长有着十分密切的关系，并不是密度越大树木生长得越快、产量越高。一般应遵循能适时郁闭、幼树生长良好为标准。其合理的密度应根据立地条件、树种生物学及生态学特性、造林目的、水土保持的需要、作业方式和中间利用的经济价值等的不同，因地制宜地确定，过稀过密都不妥当。只有根据树种的生长特性并结合当地条件选择适当的密度，树木才能在最短的时间内成林。

营造防护林只须考虑尽早发挥保持水土、涵养水源、防风固沙等防护作用，而营造用材林和经济林，既要考虑林木的生长速度，又要考虑到水肥供应，更要得到最佳的经济效益。在一定范围内林木生长随密度的减少而增大，若密度小，营养、水分相对来说比较充足，生长发育就好。反之，光照缺乏，抑制生长。但随着密度的减小，株数过少，整个林分的总产量会下降。

（2）造林密度与抚育的关系

造林密度的不同，会造成幼林抚育早晚不同，幼林抚育年限也就长短不一。密度大则幼林郁闭早，抚育期就短，可节省抚育经费开支。但郁闭快，幼林的分化和自然稀疏开始早，对于同龄林就需要进行间伐。但抚育间伐次数增多，当然投资也会增加，增大作业费用。当造林密度大时，不及时间伐或调整密度，会导致林分生长量下降，对林分的产量、质量以及保持水土、涵养水源、防风固沙等防护效果均有严重的影响。

2. 造林密度与水土保持的关系

造林密度大，可使林木能够在较短的时间内尽可能郁闭，能在一定程度上减少水土流失，但影响林木的生长、材质及增加后期的抚育费用；造林密度小，林木生长稀疏，影响林分的蓄积量、材质与单位面积的生态系统服务价值，但有益于林木下方草本植物与灌木的生长，增强地表覆盖，增加水土保持功能。因此，应在考虑密度对林木生长、发育、产量与质量的基础上，顾及水土流失对密度的要求，即密度应采取保障单位面积生产力不下降，同时使得林木生长尽可能不影响林下草被的生长发育的密度，只有这样才能既获取较好的生态效益与保持水土功能，又能获得较好的生产功能与经济效益。

3. 确定造林密度的原则

（1）根据造林目的、林种确定密度

不同的造林目的要求的造林密度也不同，防护林的密度应大些。一般可采用株行距 $2 \times 2m$ 或 $3 \times 3m$ 的造林密度；用材林的密度应小些，一般可采用株行距 $3 \times 3m$ 或 $3 \times 4m$ 的造林密度；经济林的造林密度应适当减小，有利于通风透光，保证树体的生长及果实成熟，更有利于果实的丰收，可用株行距 $3 \times 5m$ 或 $4 \times 6m$ 的造林密度。

（2）根据树种特性确定造林密度

不同的树种有不同的生长特性，造林时要根据树种的生物学特性确定造林密度。喜光、速生、分枝多的树种，造林密度可稀一些；耐阴、生长慢、分枝少的树种，密度可以大些。

（3）根据立地条件确定造林密度

立地条件的好坏是林木生长快慢最基本的条件。立地条件影响树木生长的速度。通常立地条件差，造林密度应密一些；立地条件好的造林地密度应稀一些，可提高单位面积的森林覆盖率。

（4）根据林种确定造林密度

如薪炭林以生产全株生物量为目标，一般宜密。用材林以生产干材为目标，密度宜适中。许多经济林以生产果实为主要目标，要避免树冠相接，一般宜稀。同为用材林，以培育中小径级材为目标的人工林宜密，而培育大径级材为目标的人工林宜稀。

（5）根据造林成本和经济收益确定

造林密度大，则造林成本高。造林的经济收益包括中间利用的收益及主伐利用的收益，在林农间作的情况下还应包括间作物的收益。

四、幼林抚育与水土保持

幼林抚育是从造林后至郁闭以前这一时期所进行抚育管理技术的统称，包括土壤管理技术和林木抚育技术，以及幼林保护等。抚育是人工林幼林管理的重要措施，也是影响水土流失的重要因素。研究认为，抚育后早期径流量明显增大，两三次大雨后与对照趋于一致；泥沙流失量在一个月内显著增加，到暴雨时增加更明显，随着时间推移呈逐渐减少趋势。

新造的幼林，在其生长发育初期，一般要经历适应造林地的环境，恢复根系和生根发芽，逐渐加速生长，直至树冠相接进入郁闭这样一个阶段。造林后的初年，苗木以独立的个体状态存在，树体矮小，根系分布浅，生长比较缓慢，抵抗力弱，任何不良外界环境因素都会对其生存构成威胁，因此，在这个时期应及时采取相应的抚育措施，改善苗木的生活环境，排除不良环境因素的影响，对提高造林成活率、保存率，促进林木生长和加速幼林郁闭，具有十分重要的意义。

幼林抚育管理的任务是在于通过土壤管理创造较为优越的环境，满足苗木、幼树对水分、养分、光照、温度和空气的需求，使之生长迅速、旺盛，并形成良好的干形，保护幼林使其免遭恶劣自然环境条件的危害和人为因素的破坏。在造林生产实践上一定要避免"只造不管"或"重造轻管"，否则将严重地影响造林的实际成效，极大地浪费人力、物力、种苗，延误造林绿化进程，还挫伤群众的造林积极性。

（一）松土除草与水土保持

松土除草是幼林抚育措施中最主要的一项技术。松土的作用在于疏松表层，切断上下土层之间的毛细管联系，减少水分物理蒸发，改善土壤的保水性及透水性，促进土壤微生物的活动，加速有机质分解。但是不同地区松土的主要作用有明显差异，干旱、半干旱地区主要是为了保墒蓄水；水分过剩地区在于提高地温，增强土壤的通气性；盐碱地则为减少春秋季返碱。因此，松土可以全面改善土壤的营养状况，有利于苗木成活和幼树生长。除草的作用主要是清除与苗木、幼树竞争的各种草本植物，以此减少杂草对土壤水分、养分和光照的竞争，保证苗木度过成活阶段并迅速进入旺盛生长。

松土除草一般同时结合进行，也可根据具体情况单独进行。松土除草的持续年限、每年松土除草的次数应根据造林地区气候条件、造林树种、立地条件、造林密度和经营强度等具体情况而定。一般多从造林后开始，连续进行 3～5 年的抚育，直到幼林郁闭为止。生长较慢的树种比速生树种的抚育年限长些。造林地越干旱，抚育的年限越长，气候、土壤条件湿润的地方，也可在幼树高度超过草层高度（约 1m）不受压抑时停止。造林密度小的幼林通常需要较长的抚育年限。中国《造林技术规程》规定：湿润、半湿润地区速生树种造林，松土除草可连续进行3年，即第一年2～3次，第二年2次，第三年1次；半干旱、半湿润地区，生长缓慢树种造林，松土除草可连续进行4～5年，即第一至三年每年2～3次，第四年1～2次，第五年1次。松土除草及其在各年的分配，可根据下列情况灵活地加以掌握：采用播种方法营造的人工林，营造速生丰产林、经济林，松土除草的次数可多些；以及经过细致整地，植被尚未大量滋生的幼林地，可以适当减少抚育次数，甚至暂时不抚育，待杂草等植被增多时再进行，并适当增加次数；幼树根系分布浅的树种，造林后的一两年，可酌情减少次数。松土除草的时间须根据杂草的形态特征和生长习性，造林树种的年生长规律和生物学特性，以及土壤的水分、养分动态确定。一般以能够彻底地清除杂草，并扼杀其再生能力，能够最大限度地促进林木生长，以及能够充分利用营养有效性大的时期为宜。

松土除草的方式应与整地方式相适应，也就是全面整地的进行全面松土除草，局部整地的进行带状或块状松土除草。松土除草的深度，应根据幼林生长情况和土壤条件确定。造林初期，苗木根系分布浅，松土不宜太深，随幼树年龄增大，可逐步加深；土壤质地黏重、表土板结，而根系再生能力又较强的树种，可适当深松；特别干旱的地方，可再深松一些。总之是里浅外深；树小浅松，树大深松；沙土浅松，黏土深松；土湿浅松，土干深松。一般松土除草的深度为5～10cm，加深时可增大到15～20cm。

在松土除草时，一定要考虑对水土保持的影响。当大面积除草时，相当于进行了全面的地面清理，使得地面缺少覆盖，可能就会造成水土流失，因此，无论在退化山地还是滨海盐碱地，林业工程项目提倡株间、穴内松土除草和扩穴松土除草。除在幼树附近进行松土除草外，还可将苗木外围的灌木、草本砍割收拢后围靠于苗木种植穴外沿，或覆盖在苗木周围已锄过的土面上，这样可以减少种植穴水分蒸发，保墒、增肥，而且还可阻挡地表径流，减少径流的数量并缓冲径流的速度，同时还能起到拦截向下坡推移泥土的作用，大大减少新造林地的水土流失。此外，应避免在多雨季节进行抚育，特别是不要在大雨、暴雨、持续降雨到来前进行抚育，否则会增加新造林的水土流失。

（二）水肥管理与水土保持

人工灌溉是造林时和林木生长过程中人为补充林地土壤水分的措施。灌溉对提高造林成活率、保存率，提早进入郁闭，加速林分生长，实现速生丰产优质和增强保持水土、防风固沙等防护效果，以及促进林木结实具有重要意义。灌溉具有增加林地及其周围地区空气相对湿度、降低气温的明显作用。灌溉还可以洗盐压碱，改良土壤，使原来的不毛之地适于乔灌木树种生长。造林时进行灌溉，可以提高造林成活率。但是，由于造林工作大多集中在地形复杂的丘陵山地或土壤条件比较恶劣的地区，再加上经济、技术、水源等条件的限制，使得灌溉的应用受到局限。

灌溉必须选择适当的灌水量。灌水量过大，水分来不及迅速渗入土体，造成地面积水和水土流失，恶化土壤理化性质，还会浪费大量灌水；而灌水量过小，地面湿润程度不一。确定灌水量应以土壤渗透性能、灌沟长度或畦面条幅长度、灌溉定额，以及规定的灌溉时间为依据。一般用材林和防护林的灌水量，取决于林木的需水系数、林木适宜生长的湿度、土壤蒸发量及植物蒸腾量的变化、降水量及其利用系数以及土壤理化性质、湿度条件等。一般认为，绝大部分树种，以土壤含水量保持在相当于田间持水量的60% ～ 70% 时生长最佳。半干旱、半湿润地区一般每年灌溉 2 ～ 3 次，最低限度 1 次，灌溉的时间应注意与林木的生长发育节奏相协调，如可在树木发芽前后或速生期之前进行，减轻春旱的不良影响；灌水次数较多的干旱、半干旱地区，可在综合考虑林木生长规律和天气状况的基础上加以安排，除在树木发芽前后、速生期前灌水并适当增加次数外，如夏季雨水偏少的年份，可实行间隔时间不要过长的定期灌水，以保持林木连续速生。人工林的灌溉方法有漫灌、畦灌、沟灌、穴灌等。坡度较大的丘陵山地，一般应尽量利用天然的地表水蓄积后进行穴灌，如有条件可进行引水灌溉或采用滴灌、喷灌（特别是经济林），但要注意防止水土流失。

施肥是造林时和林分生长过程中，改善人工林营养状况和增加土壤肥力的措施。施肥具有增加土壤肥力，改善林木生长环境、营养状况的良好作用，通过施肥可以达到加快幼林生长、提高林分生长量、缩短成材年限、促进母树结实以及控制病虫害发展的目的。

人工林施肥使用的肥料种类有有机肥料、无机肥料以及微生物肥料等。有机肥料含有大量有机质，养分完全，肥效期长，但肥效迟，特别是施用量大，在山地运输需要较多的人力、车辆和工具，因而最好利用造林地上的灌木、杂草枝叶就地制肥施用。无机肥料包括复合肥料，养分含量高，肥效发挥快，但肥效期短，且易挥发淋溶或被固定而失效。施肥量可根据树种的生物学特性、土壤贫瘠程度、林龄和施用的肥料种类确定。但是由于造林地的肥力差别很大，各树种林分的养分吸收总量和对各种营养元素的吸收比例不尽相同，同一树种在不同龄期对养分要求也有差别。造林时中国主要树种每公顷施用有机肥的数量一般为：杨树 7 500 ～ 15 000 kg，杉木 6 000 ～ 7 500 kg，桉树 3 000 ～ 4 500 kg。每公顷施用化学肥料的数量大体为：杨树施硫酸铵 250 ～ 500 kg，杉木施尿素、过磷酸钙、硫酸钾各 125 ～ 375 kg，落叶松施氮肥 375 kg、磷肥 250 kg 和钾肥 62.5 kg。

施肥方式以人工施肥为主，即在造林时将肥料（如有机肥料）均匀撒布在造林地上，然后整地翻入土中，或在栽植时将肥料（如化学肥料）集中施入行间、穴内，并与土壤混合均匀。施肥深度以使肥料集中在根际附近为宜。在林木生长过程中，可采用将肥料直接撒布于地表的撒施方法，也可采用在相当于树冠投影范围的外缘或种植行行间开沟施入肥料的沟施方法。施肥深度一般应使化肥或绿肥埋覆在地表以下 20 ～ 30 cm 或更深一些的地方。施肥的时期应以三个时期为主，即造林前后、全面郁闭以后和主伐前数年。

通过栽苗时施足基肥、栽植后幼林抚育时追施复合肥等手段，可有效改善林木营养根系周围的养分供应条件，加快林木早期的速生生长，使苗木生长良好，提前郁闭，防止土壤侵蚀与地表径流的流失，提高林木的抗抑性，以及促使微生物活动旺盛。郁闭后施肥，有利于抚育后树势的恢复，促进生长，增加蓄积量，增加叶量，加速有机质分解，而土壤的改良与枯枝落叶量的增加都有利于地表径流的就地入渗，减少水土流失，增强其蓄水保土能力。

（三）修枝及其水土保持

修枝是对幼树进行修剪的一种技术措施。修枝的主要作用是：增强幼树树势，特别是树高生长旺盛，增加主干高度和通直度，提高干材质量；培养良好的冠形，使粗大侧枝分布均匀，形成主次分明的枝序。不同分枝类型的树种，应采用不同的修枝方法。单顶分枝类型的树种（如杨树、香椿、核桃等）顶芽发育饱满、良好，越冬后能够延续主梢的高向生长，一般不必修枝；合轴分枝类型的树种（如白榆、刺槐、柳树等）顶芽发育不饱满或越冬后死亡，翌年由接近枝梢上部的叶芽代替而萌发形成新枝，因而这一类树种的主干弯曲低矮，分杈较多。

修枝方法：刺槐可在冬季将树干修剪到一定高度，控制树冠长度与树干长度比例，一般以2～3年生时保持3：1、4～5年生时保持2：1为宜，在立地条件中等的地方培养小径材，留干高度以保持3～5m为宜，并适当剪除部分徒长枝、过密的细弱枝和下垂枝。夏季疏去树冠上部的竞争枝和直立枝，以及树冠中部约半数的侧枝，以压强留弱，保证主梢的优势。白榆的整形修枝可采取"打头修枝"，即"冬打头，夏控侧；轻修枝，重留冠"的方法。秋季树木落叶后至翌春发芽前，将当年生主枝剪去其长度的1/2，同时完全剪掉剪口下的3～4个侧枝，其余侧枝剪去长度的2/3。夏季剪去直立强壮的侧枝，以防其成为主梢的竞争枝。随年龄增长，不断调整树冠长度与树干高度的比例，进行轻度修剪，当达到定干高度后，即不必再修剪，以利于树冠冠幅的扩大。

通过适度、适量、适时修枝，减少病虫害枝、生长衰弱枝、霸王枝，保障树木的良好生长，加快林分郁闭，增加树冠对降雨的截留及枯落物对地表土壤的有效覆盖，减少对水土流失的影响，达到保持水土的目的。

第二节　林业工程项目与火灾预防

森林火灾在危害森林的各种因素中最为严重，影响力也最大，具有很强的突发性和破坏性，是当今世界上发生面广、危害性大、扑救困难的自然灾害之一。

一、森林火灾的发生及危害

近年来，因全球气候变暖等原因，世界上森林火灾的次数和损失都呈上升趋势，据不完全统计，全世界平均每年发生森林火灾约 22 万起，过火面积达 640 多万 hm²，约占全球森林总面积的 1.8‰。我国是森林火灾多发国家，新中国成立以来到 20 世纪 80 年代，全国平均每年发生森林火灾 1.5 万次，过火面积达 97 万 hm²，森林火灾受害率达 8.5‰，是世界同期水平的 8 倍。进入 21 世纪后，随着我国六大林业工程的相继启动，人工林面积迅速扩大，我国广大林区受到森林火灾的威胁正逐年增加，使当前和今后森林防火工作的难度增大。一是林内可燃物增多，发生森林大火的危险越来越高；二是林区的林情和社情十分复杂，火源管理难度越来越大；三是全球气候异常，发生森林火灾的概率越来越高；四是森林防火设施与装备落后，缺乏有效控制森林大火的综合治理手段。森林大火时刻威胁着林区人民的生命财产安全，影响林区经济发展和社会稳定，森林防火形势依然严峻。

森林火灾是最为严重的灾害和公共危机事件之一，同时也是通过有效处置可以避免成灾的，关键是森林火灾的预防和处置措施是否到位、是否得力。因此，高度重视和加强森林防火工作，对于保障人民群众生命财产安全、维护生态安全和社会稳定，具有重大的现实意义。由于林火发生不是偶然现象，而有它自身的规律，是在一定条件下才能发生的，且引起森林火灾的主要火源是人为用火，因此火灾是可以预防的。森林防火是一项政策性、科学性很强的工作，必须坚持森林防火行政领导负责制，加强政策法令的宣传教育，加强组织制度和防火设施的建设，提高预防和控制火灾的能力。

我国森林防火工作实行"预防为主、积极消灭"的方针。预防是森林防火的前提和关键，消灭是被动手段和挽救措施，只有把预防工作做好了，才有可能不发生森林火灾或少发生森林火灾。

二、森林火灾预防的行政措施

（一）做好宣传教育，实现依法防护

开展宣传教育是预防森林火灾的一项有效措施，是一项很重要的群众防火工作。通过各种形式的宣传教育活动，可以提高广大职工群众的思想觉悟，增强遵纪守法、爱林护林的自觉性。

1. 做好宣传教育，提高全民防火意识

森林防火是一项社会性、群众性很强的工作，它联系着千家万户，涉及林区每个人。只有因地制宜，针对当地实际，开展各种形式的宣传教育，才能使林区广大群众养成护林防火的自觉性，形成护林光荣、毁林可耻的良好风尚。

宣传教育的目的是不断强化全民的森林防火意识和法治观念，提高各级领导做好森林防火工作重要性的认识和责任感，使森林防火工作变成全民的自觉行动；使进入山区的人员具有爱林护林的责任感，自觉做好森林防火工作；做到入山不带火，野外不用火，一旦

发现火情，要积极扑救，并及时报告。

宣传教育的内容主要包括：一是宣传国家森林防火工作的方针、政策，宣传森林防火法律规定；二是宣传森林的作用和森林火灾的危害，树立护林为荣、毁林可耻的新风尚；三是宣传森林防火有关制度、办法，宣传森林防火的先进典型和火灾肇事的典型案例，提高广大群众护林防火的积极性和自觉性；四是宣传预防和扑救森林火灾的基本知识。

林区设置防火彩色标语牌，对于预防森林火灾有重要宣传和提示作用。标语牌要设置在入山要道口、来往行人较多的地方。如公路道口、汽车站、林场、工程造林项目区，以及林区村屯附近最引人注目的地方。防火彩色标语牌制作要讲究艺术，色调要鲜明，图案要生动活泼、绘制清晰。宣传教育形式要多样化。除了设置标语牌、标语板、宣传栏等永久设施外，还可以采用如下各种形式进行宣传。通过各种会议宣传，如利用干部会、生产会、交流会、妇女会、民兵会、群众会、座谈会、训练班等；利用各种文字宣传，如布告、条例、办法、规定、通知、小册子以及报刊、墙报、黑板报、标语、对联等；利用各种文艺形式宣传，如宣传画、连环画、电影、幻灯、话剧、歌曲、快板、相声、说唱、对口词等；开展群众性的爱林护林活动，如开展无森林火灾竞赛活动、爱林护林签名活动等。

总之，宣传教育要做到"三结合"，即宣传声势与实效结合，普遍教育与重点教育结合，正面教育与法制教育结合。

2. 贯彻落实法律法规，实现依法防护

认真宣传和贯彻落实《中华人民共和国森林法》和《中华人民共和国森林防火条例》，强化森林防火执法和监督工作，提高全民森林防火法治理念，确保森林防火工作健康开展。

《森林法》是森林的根本大法，是做好森林防火工作的切实保证。《森林法》规定"保护森林，是公民应尽的义务"，并就森林保护问题专门有一章，规定了七条。其中《森林法》第二十一条专门讲森林防火问题，规定"地方各级人民政府应当切实做好森林火灾的预防和扑救工作""在森林防火期内，禁止在林区野外用火；因特殊需要用火的，必须经过县级人民政府或县级人民政府授权的机关批准""发生森林火灾，必须立即组织当地军民和有关部门扑救"。

（二）严格管理火源，消除火灾隐患

发生森林火灾必须具备三个基本条件：可燃物（包括树木、草灌等植物）是发生森林火灾的物质基础，火险天气是发生森林火灾的重要条件，火源是发生森林火灾的主导因素，三者缺一不可。可燃物和火源可以进行人为控制，而火险天气也可进行预测预报进行防范。当森林中存在一定量的可燃物，并且具备引起森林火灾的天气条件时，森林能否着火，关键就取决于火源，因此火源是林火发生的必要条件。研究火源，管好火源，是预防森林火灾的关键，对控制森林火灾的发生有着重要意义。

1.火源种类

一般可将火源分为天然火源和人为火源两大类。

（1）天然火源

天然火源是一种难以控制的自然现象，如雷电火、火山爆发、陨石坠落、泥炭发酵自燃、滚石火花、地被物自燃等。天然火源发生的森林火灾在全国各类火源中比重不大，约占1%。各种天然火源发生森林火灾的情况因地区而不同。

（2）人为火源

人为火源又可分为生产性火源、生活性火源（非生产性火源）和其他火源。人为火源是引起森林火灾的主要火源，据统计我国人为火源发生森林火灾的比重约占99%。

①生产性火源

由于农林牧业、林区副业生产用火，或工矿交通企业用火，引起森林火灾的火源，属于生产性火源。如烧荒烧垦、烧灰积肥、烧田边地角、火烧牧场、烧炭、机车喷火、制栲胶、狩猎、炼山造林、火烧防火线等。我国生产性火源比重相当大，一般占60%～80%，甚至有些地区还在90%以上，是造成森林火灾较为普遍的一类火源。

②生活性火源

由于群众生活和其他非生产上的用火，引起森林火灾的火源，属于非生产性火源。如吸烟、烤火、打火把、野外煮饭烧水、驱蚊、烟筒灰烬等。生活性火源在某些地区，也是造成森林火灾较为普遍的一类火源。

③其他火源

如玩火和有意纵火，以及其他不明火源。

2.火源分布与分析

（1）火源分布

我国地域辽阔，各地区由于自然条件和社会状况有明显差别，引起森林火灾的火源也有很大差异。

（2）火源分析

火源分析的主要内容有：火源出现的时间、地点，火源发生时的天气、气象条件及植被、社会等情况。一个地区的火源不是固定不变的，而且随着时间、国民经济发展以及群众觉悟程度的变化而转变，并将又有新的火源产生和某些火源绝迹。火源出现的形式是多种多样的，查明火源、研究火源、严格控制火源是预防森林火灾的有效途径。通过火源分析，掌握火源发生的时间和地点，以及各种火源发生的条件，并采取一定的预防措施，就能有效地预防森林火灾的发生。

火源随时间、季节、地点而变化，表现为区域性、时令性、流动性和常年性等特点。

不同地区的各种火源在一年当中不同的月份出现的频率不一样，同一火源在不同月份的出现频率也不一样。

3. 不同火源的管理措施

（1）生产用火管理

在野外和林内进行的生产用火，如烧荒、烧地堰、放炮采石等，是发生山火的主要火源。控制这些火源的措施：

①改变野外生产用火方式

对于野外可不用火生产的，尽量不用火，以减少引起森林火灾的机会。如烧地堰等用火可用铲锄地堰草来代替，因为在林地附近烧地堰极危险，遇风吹火星或火舌极易引起森林火灾。

②认真执行各地规定的野外用火制度

严格执行"六不烧"的用火规定，即领导不在场不烧，久旱无雨不烧，三级以上风不烧，没开好防火线不烧，没组织好扑火人员不烧，没准备好扑火工具不烧。对于必要的生产用火，必须在防火戒严期前烧完，进入戒严期一律禁止用火。用火要做好防火措施，认真执行用火审批制度，用火单位必须做到：在用火前，将用火时间、地点、面积和防火措施等报请上一级森林防火组织审查批准；经审查批准后，要有领导有组织地进行，并配扑火人员、携带扑火工具，对火场上坡、迎面风、转弯、地势不平及杂草灌木茂密地方分别进行戒备；在用火地段的周围要开好 10m 以上宽的防火带；用火前要事先与气象部门联系，选择风小天气的早晨进行。根据地形地势，采取不同的点火方式：如果地形比较平，火应由外向里，迎风点燃，逐片焚烧，不得点顺风火，以免风速快，飞火成灾；如果是斜坡，不得点"冲火"（由山下点火向山上烧），应从山上均匀点火向山下烧。要做到火灭人离，用火完毕，必须留下一定人员检查火场，打灭余火，待余火彻底熄灭后，才能全部离开，以防死灰复燃，蔓延成灾。

（2）生活用火管理

①进入林区生产作业和搞副业人员生活用火的管理

一是野外固定生产作业人员必需的生活用火，要采取严格的管理措施，即必须有专人负责；选择靠河、道路等安全地点；周围打好防火线，设置防风设施；备好扑火工具，再进行用火。二是对入山搞副业人员的生活用火，要采取严格控制措施，对于无组织的人员，防火期间一律禁止入山。

②野外吸烟的管理

一是经常加强对入山人员的森林防火教育，特别是对外来人员和经常在外活动的人员，更要加强教育；二是加强对入山人员的吸烟用火管理，严格检查，坚决制止非生产人员和通行人员带火入山，禁止野外吸烟。

（3）雷击火预防

雷击火的预防是一个世界性的难题。目前预防雷击火的方法主要有：一是加强雷击火的预测预报工作；二是加强雷击火的监测，做到及早发现，及时扑救。

（三）建立防火组织，健全防火制度

建立各级森林防火组织和健全森林防火制度，是做好森林火灾预防工作的有力保障。

1.建立森林防火组织，实现专群结合

建立健全森林防火组织，是做好森林防火工作的组织保障。为了保障森林安全，搞好森林防火工作，国家设立了森林防火总指挥部，其职责如下：

一是检查、监督各地区、各部门贯彻执行国家森林防火工作的方针、政策、法规和重大行政措施的实施，指导各地方的森林防火工作；

二是组织有关地区和部门进行重大森林火灾的扑救工作；

三是监督有关森林火灾案件的查处和责任追究；

四是决定有关森林防火的其他重大事项。

地方各级人民政府根据实际需要，组织有关部门和当地驻军设立森林防火指挥部，负责本地区的森林防火工作。县级以上森林防火指挥部应当设立办公室，配备专职干部，负责日常工作。地方各级森林防火指挥部的主要职责：

一是贯彻执行国家森林防火工作的方针、政策，监督森林防火条例和有关法规的实施；

二是进行森林防火宣传教育，制定森林防火措施，组织群众预防森林火灾；

三是组织森林防火安全检查，消除火灾隐患；

四是组织森林防火科学研究，推广先进技术，培训森林防火专业人员；

五是检查本地区森林防火设施的规划和建设，组织有关单位维护、管理防火设施及设备；

六是掌握火情动态，制订扑火预备方案，统一组织和指挥扑救森林火灾；

七是配合有关机关调查处理森林火灾案件；

八是进行森林火灾统计，建立火灾档案。

未设森林防火指挥部的地方，由同级林业主管部门履行森林防火指挥部的职责。

（1）建立专业护林组织

林区的国有林业企业事业单位、部队、铁路、农场、牧场、工矿企业、自然保护区和其他企业事业单位，以及村屯、集体经济组织，应当建立相应的森林防火组织，在当地人民政府领导下，负责本系统、本单位范围内的森林防火工作。森林扑火工作实行发动群众与专业队伍相结合的原则，林区所有单位都应当建立群众扑火队，并注意加强训练，提高素质；国营或国有林场，还必须组织专业扑火队。

有林地和林区的基层单位，应当配备兼职或者专职护林员。护林员是林业局、林场专业护林队伍的成员，在森林防火方面的具体职责是：巡护森林、管理野外用火、及时报告火情、协助有关机关查处森林火灾案件等。

（2）建立联防组织

在行政区交界的林区，有关地方人民政府应当建立森林防火联防组织，商定牵头单位，确定联防区域，规定联防制度和措施，检查、督促联防区域的森林防火工作。

（3）建立防火检查站

地方各级人民政府和国有林业企业事业单位，根据实际需要，可以在林区建立森林防火工作站、检查站等防火组织，配备专职人员。森林防火检查站的设置，由县级以上地方人民政府或者其授权的单位批准。森林防火检查站有权对入山的车辆和人员进行防火检查。

2. 健全森林防火制度，强化规范管理

《森林防火条例》规定："森林防火工作实行地方各级人民政府行政首长负责制""森林、林木、林地的经营单位和个人，在其经营范围内承担森林防火责任，建立一系列完善的森林防火规章制度，是森林防火工作规范化管理的有力保障"。

（1）行政区域负责制

地方各级人民政府要负责做好本行政区域内的森林防火工作，加强森林防火工作领导，及时研究、部署森林防火工作，检查与督促森林防火工作开展情况。

（2）单位系统负责制

林区机关、团体、学校、厂（场、矿）、企事业单位，应认真贯彻执行有关森林防火政策法令，教育本系统人员，遵守森林防火规定，积极开展森林防火工作。

（3）分片划区责任制

社区之间、村屯之间、单位之间，划分区域，分片包干管理，做好本区域、本片森林防火工作。

（4）入山管理制度

森林防火期为了防止森林火灾、保障森林安全，制止乱砍滥伐、保护稀有和珍贵动植物资源，应建立入山管理制度。在入山要道口设岗盘查，对入山人员严加管理，凡没有入山证明者禁止入山。对于从事营林、采伐的林区人员以及正常入山进行副业生产的人员，凭入山证进山，要向他们宣传遵守防火制度，不得随意用火。

（5）建立联防制度

森林防火工作涉及两个以上行政区域的，有关地方人民政府应当建立森林防火联防机制，确定联防区域，建立联防制度，实行信息共享，并加强监督检查。

（6）制定森林防火公约

根据国家森林防火法律规定，结合群众利益，制定群众性森林防火公约，共同遵守，互相监督。

（7）制定奖惩制度

《森林法》和《森林防火条例》做了明确规定。森林防火有功者奖，毁林纵火者罚。凡认真贯彻森林防火方针、政策，防火、灭火有功的单位和个人给予精神和物质奖励；对于违反森林防火法律规定的肆意弄火者，要分情节轻重给予批评教育或依法惩处。

三、森林火灾预防的技术措施

（一）林火监测系统工程建设

林火监测的主要目的是及时发现火情，它是实现"打早、打小、打了"的第一步。通过林火监测系统工程建设，及早发现初发的森林火灾，以便及早组织扑救，避免因贻误战机而发展成为重大森林火灾，从而减少森林火灾的损失。林火监测通常分为地面巡护、瞭望台观测、视频瞭望监控、航空巡护和卫星林火监测。

1. 地面巡护

由护林员、森林警察等专业人员执行。方式有步行、骑摩托车巡护等。其主要任务是：进行森林防火宣传、清查和控制非法入山人员、依法检查和监督森林防火规章制度执行情况、及时发现报告火情并积极组织森林火灾扑救等。

2. 瞭望台观测

利用瞭望台登高望远来发现火情，确定火场位置，并及时报告火情。这是我国大部分林区采用的主要监测手段。

（1）瞭望台的设置

瞭望台的设置原则，应以每座瞭望台观察半径相互衔接，覆盖全局，使被监测的区域基本没有"盲区"，并形成网状。

瞭望台的位置，应在整体布局的基础上进行选定，其选设条件为：

一是地势较高，最好是突起的山岗或高地；

二是视野宽阔，通视条件好；

三是不受其他干扰或自然灾害的危害；

四是尽可能靠近居民村屯、生产场点或道路。

防火瞭望塔的设置密度，应根据地形地势、森林分布、观测方法和可见度等条件确定。目前瞭望台的密度按瞭望半径来决定，瞭望半径一般定为 $10 \sim 20 km$，大范围内组建瞭望观测网，1/2 以上的面积是重复观测的，如按观测半径 20 km 计算，则监测面积为 12 万 hm^2，为了减少"盲区"，可采用 6 万 hm^2 建 1 座瞭望台的标准。实践中受林区单位的地形、地势和面积大小限制，瞭望台存在着各自为政、重复建设问题，可以通过以下办法加以解决：以区、县为单位构建台网，进行瞭望台规划，构成统一整体，不受行政、企业单位界限限制，台位落在谁的管辖区内由谁负责修建，派人值班瞭望，并实现监测信息共享。

（2）瞭望台的结构与高度

瞭望台的结构类型，一般应采用永久性钢结构或砖石结构。钢结构瞭望台由塔基、塔座、塔架、瞭望室、升降系统（阶梯或升降机）、配重系统、安全系统、避雷系统等部分组成。砖石结构瞭望台由台基、台身、瞭望室、上下系统（阶梯、阶梯平台、阶梯栏杆等）、安全系统（护栏、扶手等）、避雷系统等部分组成。

防火瞭望台高度，一般应根据地势和林木生长高度及控制范围等条件确定。平缓地区，台上瞭望室必须高出周围最高树冠，高出部分不得小于 2m。丘陵山区台的高度一般为 $10 \sim 26$m。突起的高山顶端，无视线障碍的地方，可不设台架或台身，只建瞭望室即可。中、幼龄林瞭望台的高度应按成熟林的高度来设置。

（3）瞭望台的装备

瞭望台内应配备最基本的观察设备、定位设备、通信设备、生活设备和必要的避雷系统。最低的基本配备应包括：一台 $6 \sim 8$ 倍普通望远镜、一台手持罗盘仪、一台对讲机或电话、一张地图，可由瞭望台人员随身携带，适用于临时瞭望台。标准配置应包括一台高倍望远镜、一台森林罗盘仪或 TD-1 型林火定位仪、一台对讲机或电话、一套图面资料（包括平面行政图、地形图、林相图、森林植被火险等级图、防火设施和扑火人员配置图，以及防火专用图）、一套生活设备。较高档先进的瞭望台根据需要还可配备：红外线探火仪、超短波无线电台、激光测向定位仪、自动遥控报警系统、林火探测仪、室内电视遥控系统等先进设备。

（4）瞭望观测技术

观察的方法是：先看大面，后看小面。由远而近，分片观察。瞭望人员上岗后，应先观察四周，看有无可疑情况，而后注意本观察区域内有无烟雾现象。观察时要由远而近，每一沟塘、每一山岭，分层细看；遇四级、五级火险天气，要连续观察；二级、三级火险天气，可每隔 10min 观察一次。观察时要有重点，每个瞭望区都要根据已掌握的情况，划分重点和一般观察区。重点区域观察次数要多于一般区域。每天的 8 时、13 时、18 时是火灾多发时间，因此，在观察时，这三个时间，特别是中午时分更要注意观察。在连续干旱情况下，出现五级火险天气时，要昼夜观察。有烟看烟、无烟看人，瞭望员观察没有火情时，就要观察山里是否有人活动，尤其是对一些重点地区，如入山狩猎、采集林副产品等，特别要注意的是发现可疑情况及时报告，以便上级派人处理。

通常根据烟的态势和颜色等大致可判断林火的种类和距离。如在北方，烟团升起不浮动为远距离林火，其距离在 20km 以上；烟团升高、顶部浮动为中等距离，$15 \sim 20$km；

烟团下部浮动为近距离，10～15km；烟团向上一股股浮动为最近距离，约5km以内。同时根据烟雾的颜色可判断火势和种类。白色断续的烟为弱火，黑色加白色的烟为一般火势，黄色很浓的烟为强火，红色很浓的烟为猛火。另外，黑烟升起，风大为上山火；白烟升起为下山火；黄烟升起为草塘火；烟色黑或深暗多数为树冠火；烟色稍稍发绿可能是地下火。

3. 视频瞭望监控

建立视频瞭望监控是为了减轻火情瞭望监测的工作强度，提高瞭望监测水平和火情的观察能力，这是目前我国大部分林区采用的主要监测手段。

（1）视频监控系统的组成

该系统由前端信息采集、无线网络传输、智能控制软件系统和后端的监控指挥中心四个部分组成。总体的管理权集中在林区的监控管理指挥中心，林区监控管理指挥中心系统提供整个系统的图像显示、远程控制功能，向指挥调度人员提供全面、清晰、可操作、可录制、可回放的现场实时图像。林区监控管理指挥中心系统还具有与上级林业主管部门接口的功能。

（2）视频瞭望监控的作用

一是森林防火电视监控以直观、真实、有效而被广泛应用在许多重点防范地区。电视监控能在森林发生火灾前及时发现火情，从而起到预防火灾的目的。

二是森林防火电视监控能在森林发生火灾时把现场的图像传回指挥中心，指挥中心通过电视监控的画面指挥调度救火，最大限度地减小火灾造成的损失。

三是森林防火电视监控能真实记录火灾发生前、救火过程中以及救火以后现场的情况，从而对火灾进行处理，提供真实有效的资料。

4. 航空巡护

航空巡护是利用飞机沿一定的航线在林区上空巡逻，观察并及时报告火情。这是航空护林的主要工作内容之一，对及时发现火情、全面侦察火场起着极为重要的作用。

5. 卫星林火监测

卫星林火监测就是利用人造卫星空间平台上的光电光谱或微波传感器，对地球地物遥测的信息源，通过地面接收站接收及图像、数据处理系统的增强处理发现火点并跟踪探测，达到从宏观上比较准确提供林火信息，以利于对森林火灾控制及扑灭的专业实用性的航天遥感技术。

应用气象卫星进行林火监测具有范围广、时间频率高、准确度高等优点，既可用于宏观的林火早期发现，也可用于对重大林火的发展蔓延情况进行连续的跟踪监测，制作林火报表和林火态势图，进行过火面积的概略统计、火灾损失的初步估算及地面植被的恢复情况监测、森林火险等级预报和森林资源的宏观监测等工作。

（二）林火预测预报系统工程建设

林火预测预报是贯彻"预防为主，积极消灭"森林防火工作方针的一项重要技术措施，也是林火火情监控、火灾监测、营林用火和林火扑救的依据。世界各国都非常重视林火预测预报工作，自 20 世纪 20 年代起，有关的研究发展很快。实现林火预测预报是一项艰巨而重要的工作任务，全国已普遍开展了这项工作。

1. 林火预报的种类

林火预报是根据天气变化、可燃物状况以及火源状态，预报林火发生的可能性。林火预报一般分为火险天气预报、林火发生预报和林火行为预报三种。

（1）火险天气预报

火险天气预报主要根据气象因子来预报火险天气等级。它没有考虑火源，仅仅预报天气条件能否引起森林火灾的可能性。

（2）林火发生预报

林火发生预报根据林火发生的三个条件，综合考虑天气条件、可燃物干湿程度以及火源状况来预报林火发生的可能性。

（3）林火行为预报

这种预报充分考虑到天气条件、可燃物状况以及地形特点，预报林火发生后蔓延速度、林火强度等。

2. 火险气象预测预报站的建立

森林火险气象预测预报站（网）的建立，应尽量与地方气象部门密切结合，充分利用林业局（场）现有条件做好森林火险预测预报工作。我国广大林区的火险气象等级预报多是利用地方气象台（站）的气象资料来进行预报，由于火险气象等级预报未考虑林区火险因子和可燃物的实际情况，其预报结果与林火的实际发生、发展规律有较大差异。因此，为了提高火险预测预报的质量，应建立由火险因子要素监测站（火险气象站）、火险数据传输系统和预测预报平台组成的森林火险预警系统。

（1）火险气象预测预报站的设置

按照有关规定，国有和集体林区应建立森林火险气象预测预报站。森林火险气象预测预报站的半径一般控制在 15 ～ 30 km。气象预测预报站（点）布局，除满足均匀分布外，还应考虑森林资源、历史火情、火源分布特点，一般应选设在火险等级较高地区。地势起伏变化较大和条件较复杂的山区应适当提高站（点）密度。

（2）火险气象预测预报站的种类

火险气象预测预报站可根据业务分工设中心站、基地观测站（包括无人观测站）和流动观测站。

①中心站

中心站主要汇集基地观测站测定的火险气象和其他火险因子，通过计算、分析、整理，预测预报火险等级、林火环境，判定林火发生和用火行为，并提供防范措施。

②基地观测站

基地观测站对林区气象和其他火险因子进行定向、定时、定量观测，及时向中心站提供观测数据和信息。在需要进行一般观测、补充观测或采用计算机联网的地区，可设置自动记录气象观测站（无人观测站）。

③流动观测站

火灾发生后，在火场附近设置的临时观测点进行火场气象和用火行为观测。

3. 森林火险气象等级预报

（1）森林火险气象等级的划分和预警标志

森林火险气象划分为五个等级，见表3-1。

表3-1　森林火险气象等级的划分与预警标志

级别	名称	危险程度	易燃程度	蔓延扩散程度	表征颜色	预警标志
一级	低火险	低	难	难	绿色	可不设
二级	较低火险	较低	较难	较难	蓝色	可不设
三级	较高火险	较高	较易	较易	黄色	悬挂黄旗
四级	高火险	高	易	易	橙色	悬挂黄旗
五级	极高火险	极高	极易	极易	红色	悬挂黄旗

（2）森林火险气象等级的预防措施

一级：森林火险气象等级低，一般防范；

二级：森林火险气象等级较低，一般防范：

三级：森林火险气象等级较高，须加强防范：

四级：森林火险气象等级高，须严密防范，加大森林巡查力度，林区须控制火种；

五级：森林火险气象等级极高，须严密防范，加大森林巡查力度，林区禁火种，宜开展人工增雨作业，降低火险。

（三）林火阻隔系统工程建设

林火阻隔工程系指利用林区的人为或天然防火障碍物，以达到防止和阻截森林火灾的发生和蔓延、减少火灾损失、提高林区防火控制能力的目的。林火阻隔工程必须相互衔接，组成完整的封闭式阻隔网络，以提高阻隔林火的综合效能。

1. 工程阻隔带

（1）防火隔离带

必须根据自然条件，严格按规定标准设置防火隔离带。对有特殊要求和不适于设防火隔离带的地段应选用其他相应的有效措施。防火隔离带是阻止林火蔓延的有效措施，它可以作为灭火的根据地和控制线，也可以作为运送人力、物资的简易通道。

①防火隔离带的设置原则

对林火必须有控制和隔离作用。

尽量不破坏或少破坏森林原生植物群落，有利于林木生长和经营活动。

防火隔离带应尽量选设在山背、林地边缘、地类分界、道路两侧、居民村屯和生产点的周围，地势平缓、地被物少、土质瘠薄的地带。

主防火隔离带走向应与防火期主导风向垂直。

防火隔离带避免沿陡坡或峡谷穿行。

火源多、火险区等级高和林火易蔓延的地方，应适当加大防火隔离带密度。

②防火隔离带的种类和标准

防火隔离带开设标准，应根据开设位置、作用和性质选定。

国界防火隔离带：宽度 50～100m。

林缘防火隔离带：宽度 20～30m。

林内防火隔离带：宽度 20～30m。

道路两侧防火隔离带：一是标准铁路，每侧宽度30～50m（距中心线）；二是森林铁路，每侧宽度 20～30m（距中心线）；三是林区公路，每侧宽度 8～10m（距中心线）。

居民点防火隔离带（包括林场、仓库、居民村屯、野外生产作业点等），其宽度为30～50m。

人工幼林防火隔离带：宽度 8～10m。

凡山口、沟谷风口地段防火隔离带，应根据实际条件适当加宽。

③防火隔离带的开设方法

防火隔离带的开设应根据地形、植被和技术条件选定适宜方法。一般可采用机械（或人工）伐除、机耕、割草、化学灭草和火烧等方法，彻底清除防火隔离带上的易燃物。开设方法必须符合科学管理的要求。

人工开设法。这是目前常用的防火线开设方法，包括采伐乔木、清除灌草、修生土带、整理林道、保护带抚育和采伐物清除等工程项目。

化学灭草法。为了不使防火线上长草，可喷洒化学除草剂，如氯化钾、氯酸钙、亚硝酸钠、氯化锌和硫酸铜等无机除草剂，目前广泛使用的有森草净、威尔柏和草甘膦。

火烧法。在防火线清理上，点烧法是比较经济实用、省工高效的方法。多在非防火季节无风天气里进行，前面用点火器点火，后面用风力灭火机控制火，防火线两侧用人力和风力灭火机灭火，最后清理余火、看守火场。

火烧防火线如果使用不当、控制不严，常易跑火成灾，应慎重使用，因此火烧防火线必须履行必要的申报核批手续，并做好以下几个环节：加强组织领导，制订用火实施方案，做好用火前的准备，选好用火天气和用火地段，采用适当的点烧技术和方法，建立用火档案，并规范操作，确保安全。

（2）生土带

生土带应设置在地势平缓、开阔和土质瘠薄的边防地带或林缘地段。林内不得开设生土带。生土带宽度与防火隔离带相同。开设方法：土层较厚、地势平缓的可用机耕，土层瘠薄、坡度较大的应人工开设。生土带必须把鲜土翻起，保持地表无植被生长。

（3）防火沟

对有干燥泥炭层和腐殖质层的地段，应开设防火沟，以防止地下火蔓延。防火沟规格，一般沟顶宽为 $1.0 \sim 1.5\mathrm{m}$；沟深应根据泥炭和腐殖质层的厚度确定，一般应深于该层 $0.25\mathrm{m}$；沟壁应保持 $1：0.2$ 的倾斜度。

（4）防火道路

防火道路（包括公路、铁路及林区非等级公路等）有以下几个方面作用：林内一旦发生火灾，能够保证及时运送扑火人员、扑火工具和物资到达火场，迅速扑灭火灾；可以隔离林火蔓延，不致酿成大火灾；林内交通便利，有利于森林经营管理。

林区道路建设是一项长远性的预防措施。防火道路的修建要同交通部门联合起来，特别是闭塞林区、老火灾区和边境地区，要尽可能与长远开发建设、木材生产相结合进行。有了一定密度的道路网，才能有利于森林防火的机械化和现代化，畅通无阻地及时运送扑火人员和物资到达火场。林区道路的多少是衡量一个国家或一个林区营林水平和森林经营集约度高低的标志。为了发挥森林防火机械化和现代化的作用，道路网的密度应在 $4 \sim 8\mathrm{m/hm^2}$，且分布均匀。

2. 防火林带

防火林带是利用具有防火能力的乔木或灌木组成的林带来阻隔或抑制林火的发生和蔓延。

（1）防火林带的设置区域

营造防火林带应根据林地条件、防护要求等，本着因地制宜和适地适树的原则选定。防火林带应设在下列地区：

一是各森林经营单元（林场、经营区等）林缘、集中建筑群落（居民点、工业区等）的周围和优质林分的分界处。

二是边防、行政区界、道路两侧和田林交界处。

三是有明显阻隔林火作用的山背、沟谷和坡面。

四是适于防火性树种生长的地方。

（2）防火林带的规划原则

一是因地制宜、分类指导、重在实效的原则。

二是因害设防，自然阻隔和工程阻隔带、生物阻隔带整体优化配置的原则。

三是适地适树的原则。

四是防火功效与多种效益兼顾的原则。

五是培育提高型、改建型与新建型相结合的原则。

六是与林业建设"同步规划、同步设计、同步施工、同步验收"的原则。

七是网络由大到小、先易后难、突出重点、循序渐进的原则。

（3）防火林带的种类

①按防火林带结构划分

乔木林带。由阔叶乔木和亚乔木构成，主要是防止或阻截树冠火的蔓延。

灌木防火带。由一些耐火灌木构成，主要用于阻截地表火的蔓延。

耐火植物带。耐火植物可以单独构成防火带，也可以营造在防火林带下。在这些地带可以种植药用植物，也可以种植一些经济植物、不易燃的农作物或蔬菜等。这样配置，一方面起防火作用，另一方面也会有一定的经济收益。

②按防火林带功能划分

护路防火林带。主要设在铁路、公路两侧，用于防止机车喷漏火和爆瓦，以及扔的烟头和火柴引起的林火，同时，还可以增强道路的阻火作用。

溪旁防火林带。分布在山区的小溪边，主要阻隔草甸火的蔓延。

村屯周围防火林带。这种防火林带的功能是防止林火与家火相互蔓延。

林缘防火林带。这类防火林带主要设在森林与草原交界处，或草甸子与森林的交界处，用于阻止草原或草甸火与林火的相互蔓延。

农田防火林带。主要是用于防止农田烧秸秆、烧田除草或农业生产用火不慎而起的林火。

林内防火林带。在平地条件下按一定距离营造，在山地条件下应设在山脊，主要作用是防止针叶林的树冠火。

针叶幼林防火林带。针叶林属于易燃林分，在一定面积上营造防火林带，可以防止大面积针叶幼林遭到森林火灾的危害。

③按防火林带规格划分

主防火林带。为火灾控制带，设置的林带走向与防火季节主风向相垂直。

副防火林带。为小区分割带，这是主防火林带的辅助林带，使防火林带构成若干封闭区。

林场周界防火林带。设置在林场四周，其作用是防止山火烧入林场，特别是保护区或风景区和特殊林，更应营造周界防火林带，以防外界火的侵入。

（4）防火树种的选择

①区分耐火树种、抗火树种与防火树种

耐火是指树木遭受火烧后的再生能力。主要指其萌芽能力。一般针叶树种没有萌芽能力，大部分阔叶树种有萌芽能力。有的耐火树种树皮厚，如栓皮栎。有的耐火树种芽具有保护组织。

抗火树种主要指不易燃烧或具有阻止燃烧和林火蔓延能力的树种。这些树种多为常绿阔叶树种，枝叶含水率高，含油脂量少，不含挥发油，二氧化硅和粗灰分物质较多，树叶多，叶大，叶厚，树枝粗壮，燃烧热值低，燃点高，自然整枝能力弱，枯死枝叶易脱落，树形紧凑等，如楮栲类、木兰科等树种。

防火树种是指那些能用来营造防火林带的树种。防火树种要求具有抗火性和耐火性，并要求具有一定的生物学特性和造林学特性。

有些树种具有耐火性但不具有抗火性，如桉树和樟树，它们易燃，不抗火，但它们萌芽力强，是耐火树种。有些树种虽具有抗火性，但不耐火，如夹竹桃，因枝叶茂密常绿，具有阻止林火蔓延的能力，但因树皮薄，火烧后，常整株枯死，因此它不是耐火树种。有些树种既具有抗火性又具有耐火性，但因生长太慢，适应力差，种源困难，育苗和造林技术不过关，不适宜营造防火林带，如大部分楮桃类和木兰科树种。

②防火树种的选择方法

火场植被调查法。从历年的火场植被调查中可以判断出树种的抗火性和耐火性。据湖南省的一些火烧迹地调查，耐火性和抗火性强的树种有大叶楠、石砾等。在经常遭火烧的迹地上看到小叶栎纯林，这是很耐火的树种，但因它冬季落叶，枝条很细，并不是好的抗火树种。

直接火烧法。为了快速检验一个树种的抗火性，可直接进行点烧，测定燃烧时间、火焰高度、蔓延速度、树种被害状况及再生能力等。这种方法要多次重复和对照，并应在防火季节内进行。燃烧强度可根据燃料的发热值计算，也可根据火焰高度计算。如果不需观察树木的再生能力，可以将树或主枝砍下，扦插在某处进行火烧。砍下的树或枝，必须立即试验。试验时还要记录树高、冠幅、重量和当时的气温、湿度、风速等。

实验测试法。测定树木枝叶的含水量、枝叶的疏密度、枝条的粗细度，树叶的大小、厚度和质地，枝叶含挥发油和油脂量，灰分物质的含量，二氧化硅的含量、燃点和发热量，然后根据这些数值进行判断。

目测判断法。根据树种是常绿还是落叶、树叶的厚薄、枝条的粗细度、树形的紧凑性、树皮的厚薄、萌芽特性、适应环境等，推断树种的耐火性和抗火性以及作为防火树种的可能性。

实地营造试验法。这是检验防火树种最好的办法。通过试验观察树种的适应性，能否形成良好的林带，观察林带的防火性和耐火性。

③防火林带树种的选择条件

防火林带的树种必须是抗火和耐火性能强，适应本地生长的树种。其条件：

一是枝叶茂密，含水量大，耐火性强、含油脂少，不易燃烧的。

二是生长迅速，郁闭快、适应性强，萌芽力高的。

三是下层林木应耐潮湿，与上层林木种间关系相互适应的。

四是无病虫害寄生和传播的。

五是防火林带树种选择应因地制宜。如北方林区可参照下列树种选择：乔木树种有水曲柳、胡桃楸、黄波罗、杨树、柳树、椴树、榆树、槭树、稠李、落叶松等，灌木树种有忍冬、卫矛、接骨木、白丁香等。

（5）防火林带宽度、结构和配置

林带宽度应以满足阻隔林火蔓延为原则，一般不应小于当地成熟林木的最大树高。主带宽度一般为 20～30m，副带宽度一般为 15～20m。陡坡和狭谷地段应适当加宽。

目前我国各地防火林带多为单层结构的乔木林带或灌木林带。从防火效果看，营造复层结构林带较好。复层林带一是保持多层郁闭，有利于维护森林生态环境，保持林带湿度，降低风速；二是密集林带可以阻挡热辐射，有效发挥林带的阻火作用。

在树种配置方面，应为乔木、亚乔木、灌木和既耐火又有经济价值的草本植物相配置。

（6）防火林带的功能和效果

乔木防火林带主要是阻截树冠火，而灌木防火林带和耐火植物带主要是阻隔地表火。但在特别干旱的气候条件下，防火林带虽然有可能燃烧，但仍能使火势有所降低，有利于扑火。防火林带还可以作为扑火根据地，以防火林带作为依托，点烧迎面火或进行火烧，可以阻截森林火灾的扩展。除此之外，防火林带还具有许多其他方面的效益，如有一定的经济收益，能维护森林环境，有利于防止病虫害，以及发挥保持水土、涵养水源、维护生态平衡等功效。

（7）防火林带营建和改建措施

①营建抗火性强的林分

应从造林规划设计时就充分考虑到易燃树种和难燃树种的搭配，以及它们之间的比例，林分结构及各类森林的混交比例等。营造针阔混交林或阔叶混交林可以提高防火林带的抗火能力。因此，防火林带建设措施中应特别强调和提倡营造抗火性能强的混交林。

②改造抗火性能差的林带

这项措施是利用植物或树种间具有不同的燃烧性进行调节，减少林带的易燃程度，提高抗火性。主要措施有：

一是调整林分结构，改易燃林分为难燃林分，可在易燃针叶林中引种带状、块状或群团状阔叶树种或难燃植物，以降低易燃针叶树发生树冠火的可能性和危险性，增强林带的难燃程度。

二是对现有低产林"掺砂"改造，增强林带抗火性。低产林分林木生长势差，林内杂草丛生，可燃物较多，一旦有火源，容易引起森林火灾，将低产林分改造为防火林带要采取有针对性的改造措施，目前常用"深翻、混交、抚育、复壮、改树"五种办法。

③将现有林缘、山麓改造为阻火林带

主要的改造技术包括：

一是清理。清理林带内枯立木、倒木、风折木、枝丫、灌木杂草等，杂乱可燃物、清除物一般堆集在林带以外，运出利用或在用火安全期焚烧。

二是抚育。亦称其为防火抚育，疏伐过密林木、低矮幼树和易燃薄皮树种，修整树枝，提高枝下高度，使保留林木健壮生长。

三是补植。选择不易燃树种补植，特别是在空隙地、天窗处呈团块状补植，使林带郁闭度尽快达到 0.7 以上，也可选择难燃的灌木补植，以控制阳性杂草滋生。

四是设保护带。保护带亦称缓冲带，这是设置在防火林带两侧、提高阻火效果的措施，宽度 5～10m 或可更宽些，在林缘外侧可以种植不易燃果树、观赏花木、药材、蔬菜、粮食或结合清理出步行路，目的是阻止林缘荒火由地表蔓延到林内，起到缓冲或保护作用。

④将防火林带营建纳入营林生产轨道

营建和改造防火林带是一项繁重的建设工程，应围绕营林生产开展。这并非森林防火部门所能完成的，必须纳入营林生产计划，根据防火林带规划，有计划地实施。尤其是建设多功能综合性阻火林带，使防火林带生态效益、社会效益、经济效益提高，必须落实各项技术措施。在立地条件适宜、经济条件可能的情况下，也可以营建果树带作为防火林带，这是一种时间短、投入少、产出高、效果好的措施，既可阻火，又可提高经济收益，改善林区景观。

⑤营建中应注意的技术问题

防火林带的培育是以防火、抗火、阻火为目的，其造林、经营技术应不同于用材林、防护林的培育，但其基本理论、林学原理是一致的，如何将防火林带培育成具有防火效能的防火隔离带，是营建中必须研究的技术问题。

（四）林火通信系统工程建设

森林防火通信是森林防火工程的重要组成部分，是森林防火必不可少的基础设施，有了良好的通信系统，才可以迅速而准确地传递火情，以便及时组织扑火力量，有效地指挥扑火工作。森林防火通信贯穿于森林防火工作的各个环节，是提高森林防火整体能力、确保各级森林防火指挥机构指挥顺畅的重要保证。防火通信应以无线通信为主，或采用有线、无线联合的方式。防火通信应联结各级森林防火指挥部门和有关基层单位，在保证环节畅通和通信质量的原则下，组成通信网络。

1. 防火通信组网等级

森林防火通信网络，根据管理系统、隶属关系和职责范围，全国按四级组网。

（1）一级网

以国家森林防火总指挥部为主台，各省（自治区）森林防火指挥部为属台。

（2）二级网

以省（自治区）森林防火指挥部为主台，各地（市、林管局）森林防火指挥部为属台。

（3）三级网

以地（市、林管局）森林防火指挥部为主台，各县（市、林业局）森林防火指挥部为属台。

（4）四级网

以县（市、林业局）森林防火指挥部为主台，各县（市、林业局）所辖基层单位（区、乡、林场、经营所、防火专业队、瞭望塔、防火站、气象预测预报站等）及流动台为属台。

2. 防火通信组网原则

一是通信网（点）布局合理，质量稳定，技术可靠，重点突出。

二是传递信息迅速、准确、安全方便、经济适用。

三是有线通信线路短直，便于施工和维修养护。

四是通信网络应层次分明，多路迂回，纵横交错，信息畅通。

五是与地方通信网连接时，应符合邮电部门通信质量指标，并取得邮电部门同意。

3. 无线通信

无线防火通信网（点）应从全局考虑，保证重点，逐级配网。应根据林区地形地势、通信要求和无线通信特点等条件进行组建。

（1）无线防火通信路由的选择

一是地形条件好，无地面反射波影响。

二是通信时分短，中继次数少。

三是能简化设备，便于架设天线。

四是节省投资，便于维修。

五是电路运行稳定可靠。

（2）电台射频输出功率

应根据通信距离、覆盖面积选定。省（区）级应按 50～100W；地区、林管局级，应按 25～50W；县、林业局级，应按 10～25W；区、林场、经营所、瞭望塔等，应按 5～10W；车载或背负式电台按 5W 即可。

（3）电台工作频率

短波应在 1.6～3.0MHz、1.6～12MHz、26～30MHz 等频段，超短波在 150～400MHz（甚高频 150MHz、特高频 400MHz）的频段。

（4）防火通信频率、频道的选择

应在最佳可用频率选定的基础上，以区内无干扰的频率作为防火通信频率。并按主台、属台确定日频、夜频，以提高通信质量，消除通信干扰。选定无线防火通信频率，必须报请当地无线电管理委员会批准或指定。

（5）无线防火通信网间的信息传输

无线防火通信网之间，在正常时期应采用分级、错时或定时并机联络方式，以保证信息传输。

4. 有线通信

有线防火通信应根据林区火险气象预测预报、林火扑救等站（点）的分布和现有通信的负荷能力，结合生产布局统筹安排，组成完整、统一的通信网络。有线通信与无线通信相结合的通信站，应根据结合方式设置有线与无线通信结合设备。有线通信技术标准，应按邮电部门有关标准规定执行。

（五）建立森林防火站

防火站是防火期间设置在重点或边远未开发林区的防火机构或岗位。其主要职责是：

负责清理外来闲散人员，巡逻防火，养护防火道路，修建防火隔离带和扑救林火。防火站是林区森林防火的基本单位，是最基层的防火机构。建设好防火站是做好森林防火工作的基本保证。为了提高防火站的防火水平，对防火站人员的基本要求是要掌握所在区域的山情、社情和火情，并定期进行森林防火培训和演练。

1. 防火站址选定条件

一是在高火险等级区。

二是地形比较平坦、开阔，无洪水淹没和地质不良等自然灾害危害可能，有足够建设用地。

三是具备符合饮用水标准的水源。

2. 防火站分类

（1）按时效划分

①永久防火站（长期防火站）

在重点或边远未开发林区设立的固定防火站。

②临时防火站（短期防火站）

为了加强重点区域森林火灾的防控能力，临时设立的防火站。

（2）按用途划分

①防火机械站

这是广大林区最普遍的森林防火站。在人烟稀少、交通不便的边远林区或重点林区，为了提高防火灭火能力，应建立防火机械站。站内除了要有一定数量的人员，还要设置防火仓库，并配备一定数量的车辆、防火器械和扑火工具、用品等。如防火指挥车、防火消防车、风力灭火机、油锯、发电机、灭火水泵、砍刀砍斧、铁锹、手工锯、绳索、2号扑火工具、扑火照明灯、防火服等。

②防火气象站

为了比较准确地进行森林火险预测预报工作，在较大林区的林业局或林场设立的气象站。

③化学消防站

有条件的林业局、林场、航空护林站应设立化学消防站，配备灭火化学药剂、器械设备及运输工具等。

④航空护林站

在重点林区或针对偏远地区缺少现代化地面设施的大面积林区应设立航空护林站。使用各种飞行器（主要是飞机），其中以固定翼飞机和直升机为主，对大面积林区进行以预防、发现和消灭森林火灾为重点的各项工作。

（六）营林防火措施

1. 进行林木修枝，减少树冠火发生

针叶幼林郁闭后，特别是阴性针叶林郁闭后，很快自然整枝，这些干枯的枝条距离地面很近，一旦着火，就会将火引向树冠，形成毁灭性的树冠火，使多年营造的森林毁于一旦。因此，结合营林进行林木修枝，既能加快林木的生长发育，又有利于森林防火。

2. 加强抚育管理，搞好卫生清林

森林郁闭后，林木开始分化，应及时进行抚育采伐。伐去生长衰弱、病腐、干形不良的个体和非目的树种，随时清除林内杂乱物，可以大大减少森林可燃物的积累。这样做不但有利于森林防火，改善森林环境，同时也能促进林木生长发育，增强林分抗火性。我国有大面积人工针叶中幼林，应加强这些林分的抚育管理，从而可以大大改善这些林分的防火条件，增强林分的抗火性，有利于我国林业的发展。

3. 调整林分结构，增强林分抗火性

对于可燃性大的森林，如易燃的针叶林，通过采伐、更新等林学措施使其逐步形成针阔混交林，或者选用抗火树种营造防火林带。工程造林项目应做好造林规划设计，合理选择造林树种，合理配置，营造混交林，或者使针叶树种与阔叶树种呈带状或块状混交，以降低林分的可燃性，提高林分抗火性。

4. 进行林分改造，降低森林燃烧性

我国各地分布有大面积次生林，由于这些次生林遭到反复破坏，林相不整齐，林地杂草、灌木丛生，林间空地很多，特别容易发生森林火灾。如果对这些林分加以改造，进行补播补植，既可以改变林相，又能提高单位面积木材产量，同时也改善了森林环境，并有利于森林防火。这是一项次生林营林防火的有效措施。

第四章
现代林业生态工程项目有害生物的综合治理

第一节　林业工程项目有害生物的发生特点

　　林业有害生物是由环境、生物和社会等多种因素的综合影响而产生的一种生物灾害，它对生态环境和林业建设造成的危害和损失都非常巨大，被称为"不冒烟的森林火灾"，其发生和危害有明显的特点。

一、种类多、危害重

　　近几年发生面广、危害严重的有松材线虫病、泡桐丛枝病、杨树烂皮病、松枝枯病、赤松毛虫、日本松干蚧、美国白蛾、双条杉天牛、春尺蠖、杨扇舟蛾、杨小舟蛾、杨雪毒蛾、杨白潜蛾、光肩星天牛、桑天牛、侧柏松毛虫、侧柏毒蛾、大袋蛾等 20 多种，全省每年林业有害生物发生面积 66.67 万 hm²，因林业有害生物灾害而减少木材生长量 500 多万 m²，直接经济损失数十亿元，不仅减少和降低了林产品的产量和质量，造成严重的经济损失，而且破坏生态良性循环，严重影响造林绿化成果和社会经济可持续发展。

二、外来林业有害生物呈蔓延之势

　　改革开放以来，一种叫作"生物入侵"的现象正在全国乃至全球蔓延，一些翻山越岭、远涉重洋的"生物移民"通过人为活动被带到异国他乡，由于失去了天敌的制衡获得了广阔的生存空间，生长迅速，占据了湖泊、陆地。生物入侵已严重威胁到人类的生存，是当今世界最为棘手的三大环境难题之一。外来林业有害生物，不断入侵我国，如美国白蛾、蔗扁蛾、日本松干蚧等。危害最为严重的有日本松干蚧、美国白蛾、松材线虫病。

三、杨树病虫害呈多发频发态势

　　一些平原绿化主要是以杨树为主，且纯林较多，隐患大，势必造成杨树病虫害的发生种类、周期、面积呈增加趋势。杨树蛀干害虫主要是光肩星天牛和桑天牛，呈现周期性暴发。杨树食叶害虫主要是春尺蠖、杨白潜蛾、杨扇舟蛾、杨小舟蛾，呈现几种害虫连续发生，交替危害，控制难度较大。杨树溃疡病、破腹病、褐斑病混合发生、轮番危害，严重影响树的生长发育，降低了材积生长量，造成材质差，大大减低了经济价值。

第二节　林业工程项目有害生物综合治理的理论基础

林业工程项目立足于生态系统平衡，遵循林业工程项目生态系统内生物群落的演替和消长规律，实现以项目区森林植物健康为目标，开展有害生物的综合治理。从系统、综合、整体的观点和方法科学地防控林业工程项目有害生物，把握过程，从机理上调节各种生态关系，深入研究林业工程项目中宏观生态和有害生物发生的数量生态学关系，实现宏观生态与数量生态的"双控"，达到改善生态系统功能和森林植物的持续健康目的，其有害生物治理主要基于以下三个理论：

一、森林健康理论

20 世纪 90 年代，人们提出了森林健康的思想，将森林病、虫、火等灾害的防治上升到森林保健的高度，更多融合了生态学的思想。"森林健康"是针对人工林林分结构单一，森林病虫害防治能力、水土保持能力弱等提出来的一个营林理念，倡导通过合理配置林分结构，实现森林病虫害自控、水土保持能力增强和森林资源产值提高。通过对森林的科学营造和经营，实现森林生态系统的稳定性、生物多样性，增强森林自身抵抗各种自然灾害的能力，满足人类所期望的多目标、多价值、多用途、多产品和多服务的需要。在森林病虫害防治措施上主要是以提高森林自身健康水平、改善森林生态环境为基础，开展森林健康状况监测，通过营林措施恢复森林健康，同时辅以生物防治和抗性育种等措施来降低和控制林内病虫害的种群数量，提高森林的抗病虫能力。

森林健康理论是一种新的森林经营管理理念，实质就是要建立和发展健康的森林。一个理想的健康森林应该是生物因素和非生物因素对森林的影响（如病虫害、空气污染、营林措施、木材采伐等）不会威胁到现在或将来森林资源经营的目标。健康森林中并非一定是没有病虫害、没有枯立木、没有濒死木的森林，而是它们处在一个较低的水平上，它们对于维护健康森林中的生物链和生物的多样性，保持森林结构的稳定是有益的。即要使森林具有较好的自我调节并保持其系统稳定性的能力，从而使其最大、最充分地持续发挥其经济、生态和社会效益的作用。森林健康不仅是今后森林经营管理的方向和工作目标，而且对森林病虫害防治工作更有重要的指导意义。对森林病虫害防治工作来讲，森林健康理论是对森林病虫害综合治理理论的继承和发展。综合治理理论是把病虫作为工作目标，森林健康理论则是把培育健康的森林作为工作的主要目标，这样就把森林病、虫、火等灾害

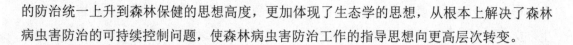

的防治统一上升到森林保健的思想高度，更加体现了生态学的思想，从根本上解决了森林病虫害防治的可持续控制问题，使森林病虫害防治工作的指导思想向更高层次转变。

二、生态系统理论

生态系统是在一定空间中共同栖息着的所有生物（生物群落）与周围环境之间由于不断地进行物质循环和能量流动过程而形成的统一体。

生态系统包括生物群落和无机环境，它强调的是系统中各个成员相互作用。一个健康的森林生态系统应该具有以下特征：①各生态演替阶段要有足够的物理环境因子、生物资源和食物网来维持森林生态系统；②能够从有限的干扰和胁迫因素中自然恢复；③在优势种植被所必需的物质，如水、光、热、生长空间及营养物质等方面存在一种动态平衡；④能够在森林各演替阶段提供多物种的栖息环境和所必需的生态学过程。

生态系统理论强调系统的整合性、稳定性和可持续性。整合性是指森林生态系统内在的组分、结构、功能以及它外在的生物物理环境的完整性，既包含生物要素、环境要素的完备程度，也包含生物过程、生态过程和物理环境过程的健全性，强调组分间的依赖性、和谐性与统一性；稳定性主要是指生态系统对环境胁迫和外部干扰的反应能力，一个健康的生态系统必须维持系统的结构和功能的相对稳定，在受到一定程度干扰后能够自然恢复；可持续性主要是指森林生态系统持久地维持或支持其内在组分、组织结构和功能动态发展的能力，强调森林健康的一个时间尺度问题。

三、生态平衡理论

自然生态系统几乎都是开放系统，一个健康的森林生态系统应该是一个稳定的生态系统。生态系统具有负反馈的自我调节机制，所以通常情况下，生态系统会保持自身的生态平衡。生态平衡是指生态系统通过发育和调节所达到的一种稳定状态，它包括结构上的稳定、功能上的稳定和能量输入输出上的稳定。生物个体、种群之间的数量平衡及其相互关系的协调，以及生物与环境之间的相互适应状态。

生物种群间的生态平衡是生物种群之间的稳定状态。主要是指生物种群之间通过食物、阳光、水分、温度、湿度以及拥挤程度的竞争，达到相互之间在数量、占据的空间等方面的稳定状态。而生物与环境之间的生态平衡指的是在长期的自然选择中，某些生物种群对于特定的环境条件表现出十分敏感的适应性，通过这种适应性使种群呈现出长期的稳定状态。稳定性要靠许多因素的共同作用来维持。任何一个生物种群都受到其他因子的抑制，正是系统内部各种生物相互间的制约关系，产生相互间的数量比例的控制，使任何一种生物的数量不至于过大。

生态平衡是一种动态的平衡，当其处于稳定状态时，在很大程度上能够克服和消灭外来的干扰，保持自身的稳定性。但是，生态系统的这种自我调节机制是有一定限度的，当外来干扰因素超过一定限度，生态系统的自我调节机制会受到伤害，生态系统的结构和功能遭到破坏，物质和能量输出输入不能平衡，造成系统成分缺损（如生物多样性减少等）、结构变化（如动物种群的突增或突减、食物链的改变等）、能量流动受阻、物质循环中断，生态失衡。一般来说，生态系统的结构越复杂，成分越多样，生物越繁茂，物流和能流网络就越完善，这种反馈调节就越有效；反之，越是结构简单、成分单一的系统，其反馈调节能力就越差，生态平衡就越脆弱。

生态平衡理论对于林业工程项目建设具有重要的指导意义。在构建林业工程生态系统时，应尽量增加生态系统中的生物多样性，充分利用自然制约因素，根据当地的气候条件和选择的树种类型，选择抗（耐）病虫良种，注意品种的合理布局、合理间种或混种，加强营林等管护措施，实现林业工程项目最大的经济效益、生态效益和生态系统的健康持续发展。

第三节　林业工程项目有害生物的主要管理策略

林业工程项目有害生物主要采用综合治理（IPM）策略，以实现有害生物的可持续控制（SPM）。

一、植物检疫技术

植物检疫是依据国家法规，对植物及其产品实行检验和处理，以防止人为引入和传播、蔓延危险性病虫的一种措施。它是一个国家的政府或政府的一个部门，通过立法颁布的强制性措施，因此又称法规防治。国外或国内危险性森林害虫一旦传入新的地区，由于失去了原产地的天敌及其他环境因子的控制，其猖獗程度较之在原产地往往要大得多。

凡危害严重、防治不易、主要由人为引入和传播的国外危险性森林害虫应列为对外检疫对象。凡已传入国内的对外检疫对象或国内原有的危险性病虫，当其在国内的发生地还非常有限时应列入对内检疫对象。检疫对象分为国家级和省级两类。检疫对象的除治方法主要包括药剂熏蒸处理、高热或低温处理、喷洒药剂处理以及退回或销毁处理。

二、物理防控技术

应用简单的器械和光、电、射线等防治害虫的技术。

（一）捕杀法

根据害虫生活习性，凡能以人力或简单工具，如石块、扫把、布块、草把等将害虫杀死的方法都属于本法。如将金龟甲成虫震落于布块上聚而杀之，或如当榆蓝叶甲群聚化蛹期间用石块等将其砸死，或剪下微红梢斑螟危害的嫩梢加以处理等方法。

（二）诱杀法

诱杀法即利用害虫趋性将其诱集而杀死的方法。本法又分为五种：

1. 灯光诱杀

即利用普通灯光或黑光灯诱集害虫并杀死的方法。例如，应用黑光灯诱杀马尾松毛虫成虫已获得很好的效果。

2. 潜所诱杀

即利用害虫越冬、越夏和白天隐蔽的习性，人为设置潜所，将其诱杀的方法。例如，于树干基部缚纸环诱杀越冬油松毛虫等。

3. 食物诱杀

即利用害虫所喜食的食物，于其中加入杀虫剂而将其诱杀的方法。例如：竹蝗喜食人尿，以加药的尿置于竹林中诱杀竹蝗；桑天牛喜食桑树及构树的嫩梢，于杨树林周围人工栽植桑树或构树，在天牛成虫出现期中，于树上喷药，成虫取食树皮即可致死。此外，利用饵木、饵树皮、毒饵、糖醋诱杀害虫，均属于食物诱杀。

4. 信息素诱杀

即利用信息素诱集害虫并将其消灭或直接于信息素中加入杀虫剂，使诱来的害虫中毒而死。例如，应用白杨透翅蛾、杨干透翅蛾、云杉八齿小蠹、舞毒蛾等的性信息素诱杀，已获得较好的效果。

5. 颜色诱杀

即利用害虫对某种颜色的喜好性而将其诱杀的方法。例如，以黄色胶纸诱捕刚羽化的落叶松球果花蝇成虫。

（三）阻隔法

阻隔法即于害虫通行道上设置障碍物，使害虫不能通行，从而达到防治害虫的目的。如用塑料薄膜帽或环阻止松毛虫越冬幼虫上树；开沟阻止松树皮象成虫从伐区爬入针叶树人工幼林和苗圃；在榆树干基堆集细沙，阻止春尺蠖爬上树干等。此外，可于杨树周围栽植池杉、水杉，阻止云斑天牛、桑天牛向杨树林蔓延；或在杨树林的周缘用苦楝树作为隔离带防止光肩星天牛进入。

（四）射线杀虫

射线杀虫即直接应用射线照射杀虫。例如，应用红外线照射刺槐种子 $1 \sim 5min$，可有效地杀死其中小蜂。

（五）高温杀虫

高温杀虫即利用高温处理种子可将其中害虫杀死。例如：利用 80℃温水浸泡刺槐种子可将其中刺槐种子小蜂杀死；用 45～60℃温水浸泡橡实可杀死橡实中的象甲幼虫；浸种后及时将种实晾干储藏，不致影响发芽率；以强烈日光曝晒林木种子，可以防治种子中的多种害虫。

（六）不育技术

应用不育昆虫与天然条件下害虫交配，使其产生不育群体，以达到防治害虫的目的，称为不育害虫防治。包括辐射不育、化学不育和遗传不育。如应用 2.5 万～3 万 R 的 ^{60}Coγ 射线处理马尾松毛虫雄虫使之不育，羽化后雄虫虽能正常地与雌虫交配，但卵的孵化率只有 5%，甚至完全不孵化。

三、生态调控技术

从森林生态系统整体功能出发，在充分了解森林生态系统结构、功能和演替规律及森林生态系统与周围环境、周围生物和非生物因素的关系前提下，充分掌握各种有益生物种群、有害生物种群的发生消长规律，全面考虑各项措施的控制效果、相互关系、连锁反应及对林木生长发育的影响。通过调控森林生态系统组成、结构并辅以生理生化过程的调控包括物流、能流、信息流等，有利于有益生物的生长发育并控制有害生物的生长发育，以实现森林生态系统高生产力、高生态效益及持续控制有害生物和保持生态系统平衡的目标。总的要求是安全、有利、可持续。采用的具体措施主要是抗性品种栽培、防治措施与营林措施的协调一致；综合使用包括有害生物防治措施在内的各种生态调控手段，尽可能地减少化肥、农药等的使用。在实施过程中重要的是将有害生物防治与其他森林培育措施融为一体，将有害生物防治贯穿于森林培育的各个环节，组装成切实可行的生态工程技术体系，对森林生态系统及其寄主—有害生物—天敌关系进行合理的调节和控制，变对抗为利用，变控制为调节，化害为利，以充分发挥系统内各种生物资源的有益功能。

遵循森林有害生物生态控制的原则、目标，以及森林有害生物生态控制的基本框架和现有的成熟技术，森林有害生物生态控制措施主要有以下几点：

（一）立地调控措施

立地因子与林业工程项目有害生物的大发生有着密切的关系，特别是直接影响森林生态系统活力的立地因子对林业工程项目区有害生物的大发生起着举足轻重的作用。适地适树是森林生态系统健康的基本保证。因为立地与森林有害生物存在着直接的相关关系，通过天敌通过植物群落与有害生物发生关系。因此，立地是森林有害生物发生、发育、发展的最基本条件。实践中立地调控措施主要包括整地、施肥、灌水、除草、松土等。这些措施的实施不仅要考虑对森林植物特别是经营对象的影响和效果，更要考虑立地调控措施对有害生物和天敌的影响。在实施立地调控措施时必须与造林目标和造林措施相结合，如基于根系—根际微生态环境耦合优化措施等微生态调控技术的应用。

（二）林分经营管理措施

任何林分经营管理措施都与森林有害生物的发生、繁殖、发展有着直接或间接的关系，这些关系往往影响着至少一个时代的森林生态系统功能的发挥。林分经营管理措施主要包括：生物多样性结构优化措施，林分卫生状况控制措施，林分地上、地下空间管理措施等。林分经营管理措施的对象可以是树木个体，也可以是林分群体。在计划和执行林分经营管理措施时，应该注意措施的多效益发挥和措施效果的持续稳定性以及措施的动态性。林分经营管理措施从本质上来讲，就是调整林分及林木的空间结构，以便于增强林分整体的抗逆性和提高林木的活力，从而间接调控森林有害生物的种群动态，同时也直接控制森林有害生物的大发生。

（三）寄主抗性利用和开发

寄主抗性利用和开发主要包括诱导抗性、耐害性和补偿性等几个方面。诱导抗性是树木生存进化的一个重要途径，是树木和有害生物（昆虫和病原菌）协同进化的产物。目前已知诱导抗性在植物和有害生物种类上都广泛存在并大多数为系统性的，在植物世代间是可以传递或遗传的。因此，树木的诱导抗性是一个值得探索利用的控制途径，此途径对提高树木个体及其生态系统整体的抗性具有重要的意义。耐害性是林木对有害生物忍耐程度的一个重要生理特性，又是内在生理机制和外界环境因子相互作用的外在反映。研究和提升树木的耐害性对增强整个林分乃至生态系统的稳定性有极其重要的意义。实践中应选择具有较高耐害性的种或个体作为造林树种以增强整个林分乃至生态系统的耐害性。补偿性是指林木对有害生物的一种防御机制。当林木受到有害生物的危害时，林木自身立即调动这种机制用于补偿甚至超补偿由于有害生物造成的损失，以利于整个生态系统的稳定。补偿或超补偿功能在生态系统中普遍存在。因此，应该充分利用这种生态系统本身的机制，以发挥生态系统的自我调控功能。

四、生物防控技术

一切利用生物有机体或自然生物产物来防治林木病虫害的方法都属于生物控制的范畴。森林生态系统中的各种生物都是以食物链的形式相互联系起来的，害虫取食植物，捕食性、寄生性昆虫（动物）和昆虫病原微生物又以害虫为食物或营养，正因为生物之间存在着这种食物链的关系，森林生态系统具有一定的自然调节能力。结构复杂的森林生态系统由于生物种类多较易保持稳定，天敌数量丰富，天然生物防治的能力强，害虫不易猖獗成灾；而成分单纯、结构简单的林分内天敌数量较少，对害虫的抑制能力差，一旦害虫大发生时就可能造成严重的经济损失。了解这些特点，对人工保护和繁殖利用天敌具有重要指导意义。

（一）天敌昆虫的利用

林业工程项目区既是天敌的生存环境，又是天敌对害虫发挥控制作用的舞台，天敌和环境的密切联系是以物质和能量流动来实现，这种关系是在长期进化过程中形成的。在害虫综合治理过程中，就是要充分认识生态系统内各种成员之间的关系，因势利导，扬长避短，以充分发挥天敌控制害虫的作用，维护生态平衡。因此，生物控制的任务是创造良好的生态条件，充分发挥天敌的作用，把害虫的危害抑制在经济允许水平以下。害虫生物控制主要通过保护利用本地天敌、输引外地天敌和人工繁殖优势天敌，以便增加天敌的种群数量及效能来实现。

1. 保护利用本地天敌

在不受干扰的天然林内，天敌的种类和种群数量是十分丰富的。它们的生息繁殖要求一定的生态环境，所以必须深入了解天敌的生物、生态学习性，据此创造有利于它们栖息、繁殖的条件，最大限度地发挥它们控制害虫的作用。

人工补充中间寄主。有些天敌昆虫往往由于自然界缺乏寄主而大量死亡，减少了种群数量，大大降低了对害虫的抑制能力，尤其是那些非专化性寄生的天敌昆虫。人工补充寄主是使其在自然界得以延续和增殖必不可少的途径。一种很有效的关键天敌，如在某一种环境中的某些时候缺少中间寄主，则其种群就很难增殖，也就不能发挥它的治虫效能。补充中间寄主的功能主要是改善目标害虫与非专化性天敌发生期不一致的缺陷，其次是缓和天敌与目标害虫密度剧烈变动的矛盾，缓和天敌间的自相残杀以及提供越冬寄主等。

增加自然界中天敌的食料。许多食虫昆虫，特别是大型寄生蜂和寄生蝇往往需要补充营养，才能促使性成熟。因此，在有些金龟子的繁殖基地，特别像苗圃地分期播种蜜源植物，吸引土蜂，可以得到较好的控制效果。

在林间的蜜源植物几乎对需要补充营养的天敌昆虫都是有益的，只要充分了解天敌昆虫与这些植物的关系，研究天敌昆虫取食习性，在天敌昆虫生长发育的关键时期安排花蜜植物对保护天敌、提高它们的防治效能是十分重要的。

直接保护天敌。在自然界中，害虫的天敌可能由于气候恶劣、栖息场所不适等因素引起种群密度下降，我们可以在适当的时期采用适当的措施对天敌加以保护，使它们免受不良因素的影响。有些寄生性天敌昆虫在冬季寒冷的气候条件下，死亡率较高，对这样的昆虫可考虑将其移至室内或温暖避风的地带，以降低其冬季死亡率，第二年春季再移至林间。很多捕食性天敌昆虫，尤其是成虫，冬季的死亡率普遍较高，在冬季采取保护措施，可降低其死亡率。

2. 人工大量繁殖与利用天敌昆虫

当害虫即将大发生，而林内的天敌数量又非常少，不能充分控制害虫危害时，就要考虑通过人工的方法在室内大量繁殖天敌，在害虫发生的初期释放于林间，增加其对害虫的抑制效能，达到防止害虫猖獗危害的目的。在人工大量繁殖之前，要了解欲繁殖的天敌能否大量繁殖和能否适应当地的生态条件、对害虫的抑制能力如何等。既要弄清天敌的生物、生态学特性，寄主范围、生活历期、对温湿度的要求以及繁殖能力等，还要有适宜的中间寄主。

在我国已经繁殖和利用的天敌昆虫种类较多，但大量繁殖和广为利用的当数赤眼蜂类。另外，松毛虫平腹小蜂、管氏肿腿蜂、草蛉、异色瓢虫等也有一定规模的繁殖和利用。

在人工繁殖天敌时，应注意欲繁殖天敌昆虫的种类（或种型）、天敌昆虫与寄主或猎物的比例、温湿度控制和卫生管理。对于寄生性天敌应注意控制复寄生数量和种蜂的退化、复壮等，对于捕食性天敌昆虫应注意个体之间的互相残杀。在应用时应及时做好害虫的预测预报，掌握好释放时机、释放方法和释放数量。

3. 天敌的人工助迁

天敌昆虫的人工助迁是利用自然界原有天敌储量，从天敌虫口密度大或集中越冬的地方采集后，运往害虫危害严重的林地释放，从而取得控制害虫的目的。

（二）病原微生物的利用

病原微生物主要包括病毒、细菌、真菌、立克次体、原生动物和线虫等，它们在自然界都能引起昆虫的疾病，在特定条件下，往往还可导致昆虫的流行病，是森林害虫种群自然控制的主要因素之一。

1. 昆虫病原细菌

在农林害虫防治中常用的昆虫病原细菌杀虫剂主要有苏云金杆菌和日本金龟子芽孢杆菌等。苏云金杆菌是一类广谱性的微生物杀虫剂，对鳞翅目幼虫有特效，可用于防治松毛虫、尺蠖、舟蛾、毒蛾等重要林业害虫。苏云金杆菌目前能进行大规模的工业生产，并可加工成粉剂和液剂供生产防治用。日本金龟子芽孢杆菌主要对金龟子类幼虫有致病力，能用于防治苗圃和幼林的金龟子。细菌类引起的昆虫疾病之症状为食欲减退、停食、腹泻和呕吐，虫体液化，有腥臭味，但体壁有韧性。

2. 昆虫病原真菌

昆虫病原真菌主要有白僵菌、绿僵菌、虫霉、拟青霉、多毛菌等。白僵菌可寄生7目45科的200余种昆虫，也可进行大规模的工业发酵生产；绿僵菌可用于防治直翅目、鞘翅目、半翅目、膜翅目和鳞翅目等200多种昆虫。真菌引起昆虫疾病的症状为食欲减退、虫体颜色异常（常因病原菌种类不同而有差异）、尸体硬化等。昆虫病原真菌孢子的萌发除需要适宜的温度外，主要依赖于高湿的环境，所以，要在温暖潮湿的环境和季节使用，才能取得良好的防治效果。

3. 昆虫病原病毒

在昆虫病原物中，病毒是种类最多的一类，其中以核型多角体病毒、颗粒体病毒、质型多角体病毒为主。昆虫被核型多角体病毒或颗粒体病毒侵染后，表现为食欲减退、动作迟缓、虫体液化、表皮脆弱、流出白色或褐色液体，但无腥臭味，刚刚死亡的昆虫倒挂或呈倒"V"字形。病毒专化性较强，交叉感染的情况较少，一般一种昆虫病毒只感染一种或几种近缘昆虫。昆虫病毒的生产只能靠人工饲料饲养昆虫，再将病毒接种到昆虫的食物上，待昆虫染病死亡后，收集死虫尸捣碎离心，加工成杀虫剂。

（三）捕食性鸟类的利用

食虫益鸟的利用主要是通过招引和保护措施来实现。招引益鸟可悬挂各种鸟类喜欢栖息的鸟巢或木段，鸟巢可用木板、油毡等制作，其形状及大小应根据不同鸟类的习性而定。鸟巢可以挂在林内或林缘，吸引益鸟前来定居繁殖，达到控制害虫的目的。林业上招引啄木鸟防治杨树蛀干性害虫，收到了较好的效果。在林缘和林中保留或栽植灌木树种，也可招引鸟类前来栖息。

五、化学防控技术

化学防治作用快、效果好、使用方便、防治费用较低，能在短时间内大面积降低虫口密度，但易于污染环境，杀伤天敌，容易使害虫再增猖獗。近年来，由于要求化学药剂高效低毒、低残留、有选择性，因此化学药剂对环境的污染已有所降低。

化学农药必须在预测害虫的危害将达到经济危害水平时方可考虑使用，并根据害虫的生活史及习性，在使用时间上要尽量避免杀伤天敌，同时应遵循对症下药、适时施药、交替用药、混合用药、安全用药的原则。

由于农药的用途、成分、防治对象、作用方式和作用机理的不同，农药的分类方法也不尽相同，按防治对象可分为杀虫剂、杀菌剂、除草剂、杀螨剂、杀线虫剂以及杀鼠剂等。

近年来推出的环境协调性农药的精准使用技术就是指定时、定量、定点施药，在进行药物治理时，尽量选用只对靶标生物有作用的药物，或尽量选择只对靶标生物有作用的施药方式。这样的药物治理方式对非靶标生物和环境扰动小，有利于施药后生态系统快速恢复健康。对已经造成灾害的森林微生物，尽可能采取生态学调控手段，进行必要的防治，暴发成灾的，有必要时，选用针对性强的、不伤害非靶标生物的无公害药剂，采取先进的施药措施，进行人工防治，禁止使用广谱的药剂，尽量不要采用全面布撒的施药方式，以免伤害非靶标生物，防止造成面源污染。

六、森林生态系统的"双精管理"

森林生态系统的"双精管理"即精密监测、精确管理，其目的就是对生态系统实行实时监测，及时发现非健康生态系统，采取先进的生物管理措施，及时、快速地恢复"患病"生态系统的健康，或者对处在健康、亚健康状态的生态系统，采取一定的、合理的措施，维护生态系统保持在比较稳定的健康状态。生物灾害的"双精"管理，不仅要克服被动防治和单种防治带来的弊端，更重要的是维护生态系统的健康。"双精"管理关键是通过先进的手段，进行实时监测，通过长期数据积累，建立准确的预报模型和人工干扰模型，进行准确预报和人工干扰模拟，采用先进的生物管理技术，实现森林灾害生物的科学管理，维护生态系统健康。

七、森林有害生物可持续控制技术

森林有害生物可持续控制（SPMF）是以森林生态系统特有的结构和稳定性为基础，强调森林生态系统对生物灾害的自然调控功能的发挥，协调运用与环境和其他有益物种的生存和发展相和谐的措施，将有害生物控制在生态、社会和经济效益可接受（或允许）的低密度，并在时空上达到可持续控制的效果。

八、森林保健技术

森林保健就是要培养、保持和恢复森林的健康，就是要使森林能够维持良好的生态系统结构和功能，具有较强的抗逆能力，对于人类有限的活动的影响和其他有限的自然灾害是能够承受，或者可自然恢复的，其实质就是要使森林具有较好的自我调节并保持其系统稳定性的能力、从而使其最大、最充分地持续发挥其经济、生态和社会效益。森林保健技术就是通过采取科学、合理的措施，保护、恢复和经营森林，维护森林的稳定性，使森林生态系统具有稳定性的能力，有效抵御自然灾害的能力，在满足人类对木材及其他林产品需求的同时，充分发挥森林维护生物多样性、缓解全球气候变暖、防止沙漠化、保护水资源和控制水土流失等多种功能。

九、工程治理技术

对有周期性猖獗特点，生物学、生态学特性和发生规律基本清楚，危害严重、发生普遍或危险性大的有害生物，采取有效技术手段和工程项目管理办法，有计划、有步骤、有重点地实行预防为主、综合治理，对有害生物进行生产全过程管理，把灾害损失降到最低水平，是实现持续控灾的一种有害生物管理方式。工程治理技术是一项技术含量高、有发展前途，适合我国国情的综合治理森林有害生物新的管理方式。我国在分析和总结了松材线虫病发生特点的基础上，提出了工程治理技术，取得了良好效果。

第四节 林业工程项目主要有害生物的管理

一、叶部有害生物的管理措施

项目区有赤松毛虫、美国白蛾、杨小舟蛾、杨扇舟蛾、大袋蛾、春尺蠖、方翅网蝽、侧柏毒蛾等。

（一）松毛虫的管理措施

1. 做好虫情测报工作

松毛虫灾害的形成多是从局部开始，然后向四周扩散并逐步积累，达到一定虫口密度后暴发成灾。所以虫情测报工作非常重要，及早发现虫源地，并采取相应的措施进行防治，将会收到很好的效果。

灯光诱集成虫：在松毛虫蛾子羽化时期，根据地理类型设置黑光灯诱蛾。灯光设置，一般要在开阔的地方，如盆地类型，则设盆地中间距林缘100m左右，不宜设在山顶、林内和风口。用于虫情测报的黑光灯和诱杀蛾子者不同，需数年固定一定位置，选择好地点后（若为居民点，可设在房顶等建筑物上部）设灯光诱捕箱。目前较为适宜的为灯泡上部设灯伞，下设漏斗，通入大型纱笼内。在发蛾季节，每天天黑时开灯，次日凌晨闭灯，统计雌雄蛾数、雌蛾满腹卵数、半腹卵和空腹的蛾数。

性外激素诱集成虫：在成虫羽化期，于不同的林地设置诱捕器，诱捕器一般挂在松树第1盘枝上。每日清晨逐个检查记载诱捕雄蛾数量。诱捕器由下列三种任选一种：①圆筒两端漏斗进口型，用黄板纸和牛皮纸做成，直径10cm，全长25cm，两节等长从中间套接的圆筒，两端装置牛皮纸漏斗状进口，漏斗伸入筒内6～7cm，中央留一进蛾小孔，孔径1.4～1.5cm；②四方形四边漏斗进口型，用黄板纸做成25×25cm×8cm四方形盒，盒的四边均装有牛皮纸漏斗，漏斗规格与上述两种相同，盒上方留有8×8cm方孔，装硬纸板盖，做检查诱进蛾数用；③小盆形，22～26cm口径的盆或钵，盆内盛水，并加少许洗衣粉以降低水的表面张力，盆上搁铁丝，供悬挂性外激素载体之用。放置诱捕器时，由一定剂量的性外激素制成的载体（一般橡胶做载体较好），装入各种诱捕器内，小盆形诱捕器的性诱剂载体应尽量接近水面，圆筒形和方盒诱捕器是用细绳悬挂在松枝上，水盆诱捕器则以三角架或在松树枝交叉处固定。性外激素制剂的载体，有关部门已制成商品出售，使用时按商标上说明即可。也可用二氯甲烷、二甲苯等做溶剂粗提性引诱物质。

航天航空监测技术：在松林面积辽阔、山高路远人稀的林区，可采用卫星遥感（TM）图像监测技术和航空摄影技术,确定方位后,于地面进一步调查核实,往往比较及时而准确。

2. 营林措施

营造混交林：混交林内松毛虫不易成灾的原因是森林生物群落丰富，松毛虫的天敌种类和数量较多，它们分别控制松毛虫各虫期；提供了益鸟栖息的环境，食虫鸟捕食大量的松毛虫，抑制了松毛虫的猖獗，保持了有虫不成灾的状态。因地制宜、适地适树，积极营造阔叶林、针阔叶混交林。如山东、河北北部、辽宁等地区与刺槐、栎树、桦树等混交，以落叶松代替赤松；并推广抗虫树种，如海南松、湿地松、加勒比松、火炬松等对马尾松毛虫有一定的抗性，逐步对现有纯松林进行改造。

封山育林和合理修枝：严格执行封山育林制度，因地制宜、定期封山、轮流开放、有计划地发展薪炭林等；合理修枝、保护杂灌木等。防止乱砍滥伐和林内过度放牧，对于过分稀疏的纯林要补植适宜的阔叶树，对约 10 年生的松树，最少要保持五轮枝丫，丰富林内植被，注意对蜜源植物的繁殖和保护。

3. 生态调控措施

天敌对抑制松毛虫大发生起着重要的作用，但随环境条件差异而有所不同，树种复杂、植被丰富的松林，由于形成了较为良好的天敌、害虫食物链，使害虫种群数量比较稳定，能较长期处于有虫不成灾的水平，这种生态环境对保护森林、促进林业生产极为有利。

保护天敌对控制松毛虫具有重大作用。复杂的森林生态系统是从根本上控制松毛虫的基础，所以营造混交林和对现有林进行封山育林，保护地被物以形成丰富的生态群落，对控制松毛虫灾害可以收到事半功倍的效果。

营造混交林和封山育林等措施可使林相复杂、开花植物增多、植被丰富，有利于寄生蜂和捕食性天敌的生存和繁殖，使各虫期的天敌种类和数量增多。

严格禁止打猎，特别要禁止猎杀鸟类动物。据统计，我国食松毛虫的鸟类有 116 种，这些鸟对抑制松毛虫数量的增长起着一定的作用，在一定条件下食虫鸟能控制或消灭松毛虫发生基地，所以可通过保护、招引和驯化的办法，使林内食虫鸟种群数量增加，并要禁止在益鸟保护区内喷洒广谱性化学杀虫剂。

4. 物理防控措施

使用高压电网灭虫灯和黑光灯诱杀，本方法适合有电源或虫口密度较大的林区。此灯是以自镇高压诱虫灯泡为基础改进而成。其结构由高压电网灭虫灯防护罩、诱集光源、杀灭昆虫用的电网三部分组成，使用时将松毛虫蛾子诱入高压电网有效电场内，线间产生的高压弧，使松毛虫死亡或失去飞翔能力。此灯宜在羽化初期开灯，盛期要延长开灯时间，同时次日要及时处理没杀死的蛾子。其有效范围为 300 ~ 400 亩。在固定电源地区，要专人负责，严格执行操作程序，注意安全。对虫口密度大的林区，最好使用小型发电机，机动车及时巡回诱杀。

黑光灯诱杀法与黑光灯测报法相同，可用管状 8W、20 ~ 30W 黑光灯或太阳能黑光灯，此方法适于电源不足的林区，其电源可用蓄电瓶、干电池，亦可用交流电源，以及其他型号的灯，如普通电灯、煤气灯、桅灯、金属卤灯等。

5. 人工防治

利用人工捕捉幼虫、采茧、采卵等，在一定林区是一项重要的辅助措施，特别是小面积松毛虫发生基地。

在松毛虫下树越冬地区，春季幼虫上树前，在树干 1 m 上下，刮去粗树皮 12～15 cm 宽，扎上 4 cm 宽的塑料薄膜，以阻隔幼虫上树取食，使其饥饿 10～15 天后死亡。薄膜接口处要剪齐，斜口向下，接头要短，钉得适度等。或在树干胸高处，涂上 30 cm 宽的毒环，防治上树越冬幼虫。

采卵块，此法是人工防治中收效最大的一种，尤其在虫口密度不大、松树不高的林地，对减少施药防治、保护天敌、调节生态平衡，是一项重要的辅助措施。在松毛虫产卵期，每 4～5 天一次，连续 2～3 次，比捉幼虫、采茧蛹安全，可达到较好的防治效果。

采茧蛹、捉幼虫。为减少虫口数量、保护天敌、调节生态平衡，在虫口数量不大、虫体大、目标明显的情况下，或结茧化蛹盛期，用竹夹捉虫采茧蛹，但要做好防护，以防毒毛触及皮肤而中毒。

6. 合理使用化学农药

化学农药使用简便，比较经济，季节性限制较小，可以高度机械化，能在短期内制止松毛虫灾的暴发，控制发生基地的扩大，是综合防治松毛虫的重要手段和急救措施。但在采取化学防治的指导思想上，应以大面积防治为急救措施，合理使用，施药防治作为稳定虫口密度和恢复自然生态平衡的主要辅助手段。对于迅速控制发生某地的扩大蔓延，没有适当的生物措施时，动用杀虫剂是必不可少的，特别是松毛虫年发生多代的地区，其生活周期短、猖獗、蔓延迅速的情况下，更是必要的。动用杀虫剂，其指导思想是要根据森林生态系统的整体观点，施药杀灭松毛虫，是为了调节松林—松毛虫—天敌三者之间的数量比例，改进其制约关系。也就是通过施药灭虫，改善林间生态系统的结构，维持它们间的生态平衡关系，以达长期的相对稳定，使其有虫不成灾。基于以上指导思想，大面积施用化学杀虫剂时要审慎，不但要根据猖獗发展的阶段，严禁在猖獗后期、天敌增多时使用，更要严格控制使用面积，因为在生产实践中对上千万亩乃至几千万亩松林，不必要也不可能全面洒布农药防治，即使要大面积施药防治也不可能取得 100% 的杀虫效果。因而控制和管理大面积森林内不发生松毛虫灾害，使其有虫不成灾，应该不同于农田等生态系统内害虫的防治，而要根据林业特点（周期长、靠自然力量即天敌自然抑制和松树的抗性）来进行防治。从 20 世纪 80 年代开始，对松毛虫的化学防治有了很大的改进，如不用"六六六""滴滴涕"等持久性的杀虫剂，而推广应用超高效的拟除虫菊酯类和非杀生性的灭幼脲类杀虫剂。它们对防治松毛虫发挥了很好的效果，而且降低了防治成本，同时消除了杀虫剂在环境中长期滞留所造成的残毒。又如，在生物制剂中加入少量化学杀虫剂，可以弥补生物制剂药效缓慢的不足，使生物防治与化学防治结合起来。在施药手段方面，已从高容量喷雾改进为细喷雾技术，减少了药液流失所造成的浪费，大大提高了防治功效。

7. 生物防治措施

由于森林生态系统是地球上最复杂的空间结构和组成，具有紧密而复杂的食物链关系，有其长期性和稳定性，同时林木对害虫有一定的忍耐性，因此，在开展松毛虫灾害综合治理中，利用生物措施来控制其猖獗，具有其独特的作用。在目前国内成功的行之有效的生物措施中，球孢白僵菌防治面积最大，而且具有扩散和传播的效果，容易造成人为的昆虫流行病。昆虫病毒（如 DCPV 病毒）则具有良好的疾病流行和垂直传递效果，可长期在昆虫种群中发挥控制数量增长的作用。苏云金芽孢杆菌具有较好的速杀作用，并能进行工业化生产。在杀虫微生物的使用过程中，必须充分了解各种微生物的特点，扬长避短，充分发挥其最佳效能。

（二）美国白蛾的管理措施

由于美国白蛾极易暴发成灾，所以应采取所有合理的措施将其控制。因美国白蛾一旦侵入其适生地，就很难被彻底消灭，所以在加强检疫制度的同时，要因地制宜，合理地运用各种控制手段，以免干扰生态环境，或造成次要害虫的种群数量上升，形成新的灾害。控制措施包括检疫和各种防治方法的适当应用。

1. 美国白蛾的检疫

由于美国白蛾属国际性检疫害虫，所以对其执行严格的检疫措施是控制其蔓延扩散的有效手段。

美国白蛾扩散最主要的途径是随货物借助于交通工具进行传播。因此，在通过调查划分出疫区保护区的前提下，对来自疫区或疫情发生区的木材、苗木、植物性包装材料、装载容器及运输工具，必须严格执行检疫规定并严格检查，看看是否带有美国白蛾的各虫态。在与非疫情交界处，应设哨卡检疫。在保护区内，也要加强调查工作，在美国白蛾发生期，对检区的树木进行全面调查，特别是铁路、公路沿线，村庄的林木。调查时，注意观察树冠上有无网幕和被害状，叶片背面有无卵块，树干老皮裂缝处有无幼虫化蛹。如发现疫情，立即查清发生范围，采取封锁消灭措施。

在发现美国白蛾的情况下，首先要引起各级领导的足够重视，充分发动群众，宣传群众；要培训技术骨干，上下形成一个严密的机构；要尽快弄清发生范围，不失时机地进行封锁和除治。

2. 营林措施

改善树种结构，在"四旁"造林和城市绿化中，多栽植美国白蛾厌食树种。可间隔栽植部分美国白蛾嗜食树种，作为引诱树，防治时重点放在这部分树木上。从植物群落上抑制美国白蛾的繁衍。

3. 人工防治

人工防治包括人工剪除美国白蛾 2～3 龄幼虫网幕，根据白蛾幼虫下树化蛹的习性，于胸高处绑草把，以诱集老熟幼虫在其中化蛹，然后销毁。这些方法作为生物防治美国白蛾的补充措施，能够起到一定的作用。

4. 生物防治

卵期：释放利用松毛虫赤眼蜂防治，平均寄生率为 28.2%，由于寄生率有限，较少采用。

低龄幼虫期：采用美国白蛾 NPV 病毒制剂喷洒防治网幕幼虫，防治率可以达到 94% 以上。由于病毒的传染作用，对虫期不整齐的美国白蛾效果较好。

老熟幼虫期和蛹期：由于美国白蛾越冬代蛹羽化时期持续时间较长（最早 4 月中旬，最晚 6 月上旬），羽化早的成虫所产的卵孵化出的幼虫已发育至老熟，即在 6 月中旬就有蛹出现，而羽化晚的此时才产卵，因而虫期很不整齐，即在 6—9 月几个月危害严重的季节一直可见到幼虫、蛹等同时存在。这就给化学喷药防治带来了很大的困难。但正是这种特性给寄生美国白蛾蛹的白蛾周氏啮小蜂创造了良好的寄生繁殖的条件。由于这种小蜂发生的代数（7 代）大大多于美国白蛾，因而它可以在自然界一直找到寄主蛹寄生繁殖，保持其较高的种群数量。释放利用白蛾周氏啮小蜂进行生物防治，不但增加了自然界中白蛾周氏啮小蜂的种群数量，也保护了其他多种天敌，使它们的种群数量也大大增加，与白蛾周氏啮小蜂一起，共同控制美国白蛾，达到了可持续控制。同时由于不施用化学农药，防治区保留一些次要害虫，保证了捕食性天敌（包括鸟类）和寄生性天敌繁衍生息所需的食料。

5. 性信息素诱集成虫

利用美国白蛾性信息素诱芯，在成虫发生期诱杀雄性成虫。还可利用美国白蛾处女雌蛾活体引诱雄成虫。方法是将做好的诱捕器于傍晚日落后挂在美国白蛾喜食树种的树枝上，距地面高度 2.5～3m，次日清晨或傍晚取回。活体雌虫每两天取出更换 1 次。在羽化高峰期，1 个诱捕器每晚可诱到 10 多头雄成虫。

6. 仿生药剂防治

灭幼脲、米螨（敌灭灵）等昆虫生长调节剂，对控制害虫、保护天敌、保持生态平衡和避免环境污染等起到了很大作用。该制剂抑制或加快几丁质的合成，能有效地杀死美国白蛾幼虫。但必须在虫口密度很大、天敌较少时应用。须掌握准确的时间，根据测报情况，在美国白蛾幼虫网幕始见期至高峰期，即在幼虫 3 龄前施用。施药时要注意喷布均匀，每代只喷一遍即可。不应使用毒性较强的农药，以免杀伤天敌，污染环境。

二、枝干有害生物的管理措施

项目区杨树天牛主要包括光肩星天牛、云斑天牛等，松柏树项目区内有松褐天牛、褐幽天牛、双条杉天牛、日本松干蚧、大球蚧等。枝干害虫发生的主要成因，即人工林树种组成过于单一，且多为天牛感性树种，抗御天牛灾害功能低下。以生态系统稳定性、风险分散和抗性相对论为核心理论指导，以枝干害虫的生物生态学特性为依据，及时监测虫情，以生态调控技术——多树种合理配置为根本措施；以低比例的诱饵树"诱集"天牛成虫，采取多种实用易行的防治措施杀灭所诱集的天牛，以高效持效化学控制技术和生物防治措施为关键技术控制局部或早期虫源，构建了防护林天牛灾害持续控制技术体系，达到了有虫不成灾的目的。

（一）杨树天牛的管理措施

杨树天牛主要包括光肩星天牛、桑天牛、黄斑星天牛、云斑天牛、青杨楔天牛、青杨脊虎天牛等。

近几十年来，国内的杨树天牛防治技术主要有：筛选和利用抗性树种和品系，以及单一树种的抗性机制；运用各种营林措施提高对天牛的自然控制作用，如改变种植规模和林带的树种组成，控制虫源，合理配置"诱饵树"，并辅以诱杀手段；加强林业管理措施提高诱导抗性；保护和利用天敌（尤其是啄木鸟等）；筛选特高效的化学杀虫剂（如微胶囊剂）、改善施药方法；开发光肩星天牛的植物性引诱剂，以及其他物理防治方法。

现有的控制措施依其作用对象和范围可归纳为下述三个层次：

1. 针对害虫个体的技术

概括起来有人工捕捉成虫，锤击、削除卵粒和幼虫，毒签（泥、膏等）堵虫孔，将农药、寄生线虫、白僵菌等直接注入虫孔等。此类方法虽成本低廉和高效，但只在幼林或零星树木及天牛初发时现实可行，在控制较大范围的种群暴发时不可取。

2. 针对单株被害木的技术

如在发生早期伐除零星被害木，喷施或在树干基部注射各种农药或生物制剂毒杀卵、幼虫和成虫等，利用诱饵树如桑树、复叶槭等分别诱集桑天牛、光肩星天牛等，并辅以杀虫剂毒杀或捕杀。这类措施在虫害发生初期面积较小，附近又无大量虫源的条件下，如能连续施用数年，无疑是十分有效的。但在虫害普遍发生时，限于经济投入，也极难实施。

3. 针对整个害虫种群或林分的技术

如选用抗虫树种，适地适树、更新或改善不合理林带结构，实行多树种合理配置（包括诱饵树、诱控树和忌避树）并辅以杀虫剂毒杀或捕杀，严格实行检疫和监测措施，保护利用天敌，开发天牛引诱剂等。这类措施通常对全林分进行或其效用泽及整个林分，并有持效性。

（二）松材线虫病

松材线虫病是松树的一种毁灭性流行病，染病寄主死亡速度快；传播快，且常常猝不及防，一旦发生，治理难度大，已被我国列入对内、对外的森林植物检疫对象。

1. 疫情监测

以松褐天牛为对象的疫情监测技术，主要是通过引诱剂诱捕器进行。在林间设置松褐天牛引诱剂诱捕器，能早期发现和监测松材线虫病。以寄主受害症状变化进行监测，松材线虫侵入树木后，外部症状的发展过程可分为四个阶段：外观正常，树脂分泌减少或停止，蒸腾作用下降；针叶开始变色，树脂分泌停止，通常能够观察到天牛或其他甲虫侵害和产卵的痕迹；大部分针叶变为黄褐色，萎蔫，通常可见到甲虫的蛀屑；针叶全部变为黄褐色，病树干枯死亡，但针叶不脱落。此时树体上一般有次期性害虫栖居。松树感病后，枯死的树木会出现典型蓝变现象。

2. 检疫控制

松材线虫病远距离的扩散与贸易往来密切相关。进口货物木质包装材料和疫点病材是人为传播松材线虫的载体。这些材料流向复杂，可被运输到货物到达的任何地方，同时，木质包装材料常在货物运送的目的地被拆卸后随意丢弃。一旦木质包装材料来自松材线虫疫区，则加大了松材线虫传入的风险。发生区要对松属苗木繁育基地、贮木场和木材加工厂开展产地疫情调查，详细登记带疫情况，并下发除害处理通知书，责令限期对疫情进行除害处理。同时根据产地检疫结果，对要求调运的松属苗木和繁殖材料、松木及其制品数量进行全面核实，严禁带疫苗木、木材及其加工产品进入市场流通。调运疫区的松材线虫寄主植物、繁殖材料、木材及其制品，必须实行检疫要求书制度，要事先征求调入地森检部门意见，并按照调入地的检疫要求书内容，进行严格的现场检疫检验，确认未携带松材线虫病方可签发植物检疫证书，并及时通知调入地森检部门。实施检疫检查的抽样比例，苗木按一批货物总件数的 5% 进行抽样，木材按总件数的 10% 进行抽样。森林植物检疫检查站（或木材检查站）要配备专职检疫人员，对过往的松材线虫病寄主植物及其产品实施严格的检疫检查，严禁未通过检疫的松苗、疫木及其制品调运。各地森检部门对来自发生区或来源不明的寄主植物及其产品要进行复检，发现带疫就地销毁；确认无松材线虫的繁殖材料要经过一年以上隔离试种，确认没携带松材线虫方可分散种植；对松木及其制品和包装材料要实施跟踪调查，严防疫情传入。要定期对本地区用材单位进行检疫检查，杜绝非法购买和使用疫情发生区松材及其制品的行动。

3. 以病原为出发点的病害控制

清理病死树：每年春天病害感染发生前，对老疫点的重病区感病松树进行一次性全面的皆伐，彻底清除感染发病对象。对较轻区域采用全面清理病死树的措施，减少病原，防止病害邻近扩散蔓延，逐步全面清理中心发生区的病死树，压缩受害面积，控制灾害的发生程度。对新发生疫点和孤立疫点实施皆伐，并通过采用"流胶法"，早期诊断 1km 范围内的松林，对出现流胶异常现象的树及时拔除。

实施清理病死树时，伐桩高度应低于 5cm，并做到除治迹地的卫生清洁，不残留直径大于 1cm 的松枝，以防残留侵染源。处置死树和活树时，应分别进行除害处理。

病木除害处理：砍伐后病死树应就地将直径 1cm 以上的枝条、树干和伐根砍成段，分装熏蒸袋用 $20g/m^3$ 磷化铝密封熏蒸处理，搁置原地至松褐天牛羽化期结束。滞留林间的病枝材，亦可采用此法。对清理下山的病枝、根桩等可集中后，在指定地点及时烧毁。伐下的病材在集中指定地点采用药物熏蒸、加热处理、变性处理、切片处理等。药物熏蒸要求选择平坦地，集中堆放，堆垛覆盖熏蒸帐幕，帐幕边角沿堆垛周围深埋压土。病死树的伐根应套上塑料薄膜覆土，或用磷化铝（1～2粒）进行熏蒸处理，或用杀线虫剂等进行喷淋处理，也可采取连根刨除，再进行前述方法除害。

4. 以寄主为出发点的病害控制

营造和构建由多重免疫和抗性树种组成的混交林，可以将现有感病树种的风险进行稀释。如在松林适当种植梧桐、苦楝及细叶桉等提高松树抗性，对皆伐林地改种其他树种，使松材线虫的危害局部化和个体化，直至与所在森林环境建立起协调的适应性。

通过现代生物技术和遗传育种方法，培育抗松材线虫和松褐天牛的品种，也是松材线虫病可持续控制的有效手段，需要加强这方面的研究。

（三）腐烂病和溃疡病

1. 适地适树

适地适树，加强栽培管理，保证树木生长健壮，是防治本病的主要途径。栽植时应选择适宜的土壤条件，选择抗寒、抗旱、抗盐碱、抗虫、抗日灼、适应性强的杨树、松树、苹果、板栗等树种。

2. 选用抗病品种和培育壮苗

在造林时，选用抗病树种。如白杨派和黑杨派树种大多数为抗病和较为抗病的；板栗树种尽量选用本地抗病品种，减少栽植国外引进的品种。

在苗木培育时，要特别注意加强苗木的木质化程度，并最好在出圃前的一年里用化学药剂进行防治，以减少出圃时病菌对苗木的侵染。插条应存于 2.7℃ 以下的阴冷处，以免降低插条生活力和在储藏期间插条大量受病原菌侵染；避免苗木长途运输，认真假植，造林前浸根 24h 以上或蘸泥浆。

3. 营造混交林

营造多树种、多林种、多功能乔灌草异龄复层混交林，如杨树和刺槐、杨树和紫穗槐、杨树和胡枝子混交，松树和柞树行间或株间混交，松树和刺槐片状混交，均能增加土壤固氮作用和改善土地贫瘠条件，形成稳定的林分结构，提高抵抗有害生物的能力，达到有虫有病不成灾的目的。

4. 清除病株减少侵染来源

清除生长衰弱的植株，对严重的病株应及时清除（伐除病株、修除病枝、清除地被物等），以减少侵染来源。对严重感染的林分彻底清除，以免作为侵染源感染更大面积的林分。据研究，营林措施包括伐除病株、修除病枝、清除地被物等，对杨树烂皮病的防治效果可达 61.4%。

5. 化学防治

对已发病的植株，要进行刮治，用钉板或小刀，将病斑刺破，一直破到病斑与健康组织交界处，再涂药剂，施用的药剂包括 10% 碳酸钠液、10% 蒽油乳剂、蒽油肥皂液（1kg 蒽油 +0.6kg 肥皂 +6kg 水）结合赤霉素（100mg/kg）、松焦油、柴油（1：1）、煤焦油、沥青、不脱酚乳油、25 倍多菌灵、5% 托布津、2% 康复剂 843（1：3 倍液）、100 倍代森锌、10% 双效灵（1：10 倍液）、50% 琥珀酸铜（1：10 倍）、50°Bé 石硫合剂、1% 波尔多液等都很有效。若在涂药后 5 天，在病斑周围再涂以 50～100mg/kg 生长刺激物萘乙酸等，可促使周围愈合组织的生长，病斑不易复发。用小刀刮除病斑老皮，刷上退菌特和土面增温剂（退菌特 1 份，增温剂 50 份，水 200 份），既提高了治愈率又增强了受伤组织的愈合率。

对溃疡病菌有良好抑制作用的药剂种类和相应的浓度，包括 50% 甲基托布律 200 倍液，80% 抗菌素 402 的 200 倍液，50% 多菌灵、50% 的代森铵 200 倍液等，这些药剂均有较好的防治效果。

三、根部有害生物的管理

（一）病害

项目区根部主要有害生物引致的病害有紫纹羽病、白绢病、根癌病。其防治方法包括：（1）首先要选择适宜于林木生长的立地条件，同时加强土、肥、水的综合管理，促使根系旺盛生长，提高其抗病力，这是预防根病发生的一项根本性措施。（2）严格检疫。防止带病苗木出圃，一旦发现，应立即将病苗烧毁。对可疑的苗木在栽植前进行消毒，用 1%CuSO$_4$ 浸 5min 后用水冲洗干净，然后栽植。（3）选栽抗病速生优良品种。（4）加强栽后地下管理，提高抗病能力。地下管理的好坏直接影响到树木的生长量和抗病性，要做到适时浇水施肥，特别是土杂圈肥，尽量多施，及时松土除草，促进树木生长，增强树势，提高抗病能力。（5）选用健康的苗木进行嫁接，嫁接刀要在高锰酸钾或 75% 酒精中消毒。（6）土壤改良。有条件的地区，树下可种植豆科植物，进行深翻压青，或少量施用土杂肥、速效肥压青深翻，不断改良土壤，提高肥力，促进树木生长和提高抗病性。（7）防止苗木产生各种伤口。采条或中耕时，应提高采条部位并防止锄伤埋条及大根，及时防治地下害虫。（8）处理病株。要经常检查，发现重病株和死株及时挖除，减少侵染来源，并进行土壤消毒，防止传播蔓延。苗木栽植前用 10% 硫酸铜浸根 5min 清水冲洗干净后栽植。

（二）虫害

根部虫害主要有地老虎类、蝼蛄类和金龟子类。其防治方法包括：（1）改善苗圃排水条件，不使地块积水，可减轻危害。（2）在幼苗出土前至初孵幼虫期铲除田间杂草，可直接消灭卵和初孵幼虫。（3）防治地老虎、金龟子幼虫时，在苗木根部撒施毒土或药液灌根，消灭幼虫，或在清晨挖土捕杀断苗处的幼虫。防治蝼蛄时，可将麦麸、谷糠或豆饼等炒香或煮至半熟拌上农药，做成毒饵均匀撒在苗床上或在畦边每隔一定距离挖一小坑，放入马粪或带水的鲜草拌以农药诱杀成虫、若虫。（4）成虫发生期，在晴朗无风闷热的天气用黑光灯或糖醋液诱杀成虫。（5）保护利用天敌如各种益鸟、刺猬、青蛙、步行虫、土蜂、金龟长喙寄蝇、线虫、卵胞白僵菌、绿僵菌、蛴螬乳状菌等。

四、有害杂草的管理

（一）薇甘菊

薇甘菊是世界十大重要害草之一，多年生草质藤本，原产中、南美洲。薇甘菊的蔓延特点是遇草覆盖遇树攀缘，严密覆盖在灌木、小乔木及至十多米高的大树上，形成一个个绿色的"坟墓"。植物由于缺少阳光、养分和水分，光合作用不能正常进行，最终死亡。因此，薇甘菊有"植物杀手""绿色杀手""美丽杀手"之称。主要分布于路边、水边、田边、果园、林缘地带。

薇甘菊的叶呈三角状至卵形，边缘具数个粗齿或浅波状圆锯齿。叶对生，茎有棱，茎上有白色短毛。芽腋生，两侧都长芽。薇甘菊花呈白色，细小有微香，于枝端簇成细小的头状花序；种子具冠毛且细小，千粒重仅 0.0892g，易借风力进行较远距离传播。薇甘菊从 9 月开始开花，当年 11 月到第二年 2 月为结果期。开花数量大，0.5m² 内有小花 8 万～20 万朵，种子细小量大，发芽率高，生长速度快。

薇甘菊综合治理要点：（1）在每年 4—10 月，人工将攀爬在林木上的薇甘菊连根拔除、堆沤或焚烧。（2）结合林木抚育，对林木直径 1m 范围内的薇甘菊进行人工铲除；对林木之间空地的薇甘菊用"森草净"或"草甘膦"（按每 15g"森草净"配 15kg 水稀释摇匀）等除草剂进行喷洒，彻底清除薇甘菊的根系。（3）在发生薇甘菊的林地中引种寄生植物田野菟丝子，使其寄生在薇甘菊嫩枝、嫩叶和嫩茎上，通过汲取薇甘菊的营养供其自身生长，达到杀死薇甘菊的目的。

（二）大米草

大米草可破坏近海生物栖息环境、影响滩涂养殖、堵塞航道、诱发赤潮，被列入全球

100 种最有危害外来物种名单和中国外来入侵种的名单。大米草在滩涂的疯狂生长，致使其中的鱼类、蟹类、贝类、藻类等大量生物丧失生长繁殖场所，导致沿海水产资源锐减。同时，由于一年一度大量根系生理性枯烂和大量种子枯死于海水中，致使滩泥受到污染，海水水质变劣，助发赤潮。

大米草为多年生草本，具根状茎。株丛高 20～150 cm，丛径 1～3 m。根有两类：一为长根，数量较少，不分枝，入土深度可达 1 m 以下；另一为须根，向四面伸展，密布于 30～40 cm 深的土层内。秆直立，不易倒伏。叶舌为一圈密生的纤毛，叶片狭披针形，宽 7～15 mm，背蜡质，光滑，两面均有盐腺。总状花序直立或斜上，穗轴顶端延伸成刺芒状。基部腋芽可萌发新蘗和生出地下茎，在土层中横向生长，然后弯曲向上生长，形成新株。叶互生，表皮细胞具有大量乳状突起，使水分不易透入；叶背面具有盐腺，根吸收的盐分大部分是由这里排出体外。

大米草具有耐盐、耐渍、生长繁殖快、生态幅度宽等特点，在促淤、护堤、保岸等方面有作用，20 世纪 60 年代在中国引种成功。虽然大米草在生态上具有一定的优势和可用性，但其自身特点也使它具有很强的侵入性。春季返青，12～13℃以上生长迅速，花期长，5—11 月陆续开花，10—11 月种子成熟。入冬叶逐渐变为紫褐色，最后枯死。大米草具有很强的耐淹特性，能在其他植物不能生长的、潮水经常淹到的海滩中的潮带栽植成活。因它是湿生植物，故耐旱能力差。在海水淹没时间太长、缺少光照的低滩不能生存。在风浪太大的侵蚀滩面则不能扎根，但大米草密集成草丛，则可抵挡较大风浪。它既能生于海水盐土，也适应在淡水中性土、软硬泥滩、沙滩上生长。分蘖力特别强，在潮间第一年可增加几十倍到 100 多倍，几年便可连片成草场。耐高温，草丛在气温 40～42℃时，若水分充足仍能分蘖生长。不耐倒春寒，当夜温骤降到 -10℃以下时，将被冻死。耐石油、杂酚油的污染，能吸收汞及放射性元素铯、锶、镉等。适生于海水正常盐度为 35%、土壤含盐量为 20% 的中潮带。耐淤，植株一般能随淤随长，在厌氧条件下，根系不易腐烂，根区细菌增多，固氮率 4 000 倍于光滩土。刈割后再生较快。

大米草综合治理要点：（1）每年 5—11 月，在植株、花、种子发生期，采用人工或特殊机械装置，对大米草进行拔除、挖掘、遮盖、火烧、水淹、割除、碾埋等。对滩涂上的大米草可以使用轻型履带车碾压，将大米草压进淤泥里。（2）使用大米草除草剂 BC-08，杀死大米草的地上部分。（3）在大米草扬花期，每亩喷施米草败育灵 20 g，或施用米草净使大米草不能产生可育的种子。

（三）加拿大一枝黄花

加拿大一枝黄花根状茎发达，繁殖力极强，传播速度快，生长优势明显，生态适应性广阔，与周围植物争阳光、争肥料，导致其他植物死亡，从而对生物多样性构成严重威胁。

加拿大一枝黄花为多年生草本，高 30～80 cm，地下根须状；茎直立，光滑，分枝少，基部带紫红色，单一；单叶互生，卵圆形、长圆形或披针形，长 4～10 cm，宽 1.5～4 cm，先端尖、渐尖或钝，边缘有锐锯齿，上部叶锯齿渐疏至全近缘，初时两面有毛，后渐无毛或仅脉被毛；基部叶有柄，上部叶柄渐短或无柄。头状花序直径 5～8 mm，聚成总状或圆锥状，总苞钟形；苞片披针形；花黄色，舌状花约 8 朵，雌性，管状花多数，两性；花药先端有帽状附属物。瘦果圆柱形，近无毛，冠毛白色。花期 9—10 月，果期 10—11 月。

加拿大一枝黄花是多年生的根茎植物，以种子和地下根茎繁殖。每年 3 月底至 4 月初开始萌发。10 月开花，花由无数小型头状花组成，11 月种子成熟，每株可形成 2 万～20 万粒种子。一般加拿大一枝黄花的种子发芽率为 50% 左右，种子可由风传播，或由动物携带传播。加拿大一枝黄花根系非常发达，每株植株地下有 5～14 条根状茎，以根茎为中心向四周辐射伸展生长，其上有多个分枝，顶端有芽，芽可直接萌发呈独立的植株，具极强的繁殖能力。加拿大一枝黄花基本以丛生为主，连接成片，排挤其他植物。

加拿大一枝黄花综合治理要点：

1. 加强检疫

严禁带有加拿大一枝黄花种子的繁殖材料及带有残根、残茎的土壤调运；禁止利用该杂草作为观赏植物种植或者作为砧木嫁接花卉；在调运检疫和复检时，若发现加拿大一枝黄花种子活体植物、种子、地下茎，应将其全部集中销毁。

2. 人工清除

每年 12 月至次年 2 月，在种子发育阶段，对发现生长地块，进行耕翻，彻底清理根状茎，并集中烧毁，加强荒杂地带管理；6—9 月，植株生长阶段，以割杀为主，人工割杀后萌发的植株，也可用下述化学方法防治；10—11 月，在花、种子阶段割杀和拔除的植株要集中销毁。人工铲除：在盛花期之前，进行花穗剪除并短截或砍除植株等处理；在种子成熟前，组织人员及时将植株连根铲除，并集中销毁，做到斩草除根。

3. 化学防治

每年 3—5 月，在幼苗阶段，用草甘膦进行喷雾防治。使用草甘膦和"一把火"（20%百草枯水剂）混合喷雾防治。使用草甘膦和洗衣粉 5∶1 的比例混合进行喷雾防治。对已萌发出土的幼苗，可喷施草甘膦等杀灭，幼苗越小，效果越好。

第五章

森林资源的建设与开发利用工程

第一节　森林资源建设与保护工程

建设森林资源是为了增加和改善资源的数量和质量，保护森林则是维护和巩固原有森林自然资源的建设成果。森林资源建设包括森林营造、森林抚育、森林更新及森林改造等工程。森林资源保护包括森林水土保持、森林防火灭火、森林病虫害防治及森林荒漠化防治等工程。

一、森林营造

在无林地或原来不属于林业用地的土地上造林，称为营造人工林。在原来生长森林的迹地（采伐迹地、火烧迹地）上造林，称为森林人工更新。两者均属森林营造。

（一）造林的目的和人工林的种类

造林的目的是为了维持、改进和扩大森林资源，为社会提供木材和各种林产品，并发挥森林的多种生态效益和社会效益。造林的目的是多方面的，每块具体造林地的造林目的各有侧重，如生产木材、水源涵养、维护生态环境、景观建设、休闲旅游等。

用人工的方法营造的森林称为人工林。根据人工林的不同效益可划分为不同的种类，称为林种。不同的林种反映不同的造林目的，在造林措施上也各有不同。

森林划分为五大林种，即防护林、用材林、经济林、薪炭林及特种用途林。按照人们对森林的主导需求，相应地将森林区分为以发挥生态、社会效益为主的公益林（防护林和特种用途林）和以发挥经济效益为主的商品林（用材林、经济林和薪炭林）两大类。

（二）造林的基本技术措施

为使林木达到速生、丰产、优质，必须采用适当的造林技术措施。这些措施是基于森林发生发展的客观规律和已有的造林经验。

1.适地适树

适地适树是指树种特性尤其是生态学特性应与造林地的立地条件相适应，以充分发挥林地生产力，达到该立地在当前技术经济条件下的高产水平。例如：刺槐、马尾松、臭椿等树种耐干燥，适宜栽在瘠薄的土壤上；柳树、枫杨等适宜在低温的地方生长；泡桐、杨树、白榆等树种适于平原生长，在山地上种植则生长不良。适地适树是相对的，允许地树在一定范围内存在差异，而通过人工措施，改地适树或改树适地。

2.选育良种，培育壮苗

良种壮苗具备较强的生理机能、较大的抗逆能力、较优的干材品质，因而也就具备了速生丰产优质的潜在能力。有了壮苗良种，还必须认真细致地种植，使其成长为优良林木。否则栽不活，长不好，壮苗良种也发挥不了作用。

3.林木群体结构

人工林是个群体，树木个体组成林木群体即形成一定的结构，包括密度、配置方式、树种搭配、年龄结构等。如人工林的结构合理，则能充分利用光能及土地，改良土壤性能，增强对外界不良环境因子的抗性，达到速生丰产的效应。

4.林木生长环境

林木的速生丰产需要良好的外界环境，为此要进行细致整地、抚育保护，有可能时还要施肥、灌水及排水，以发挥其潜能。

综上所述，造林的基本技术措施是在适地适树的基础上，以良种壮苗和认真种植来保证树木个体优良健壮，以合理密度及组成来保证人工林群体的合理结构，以细致整地、抚育保护以及可能的灌水施肥（排水）以保证良好的林地环境。

（三）造林地

1.造林地的立地条件

在一定的地区内，虽然大气候和大地貌基本一致，但不同的造林地块之间仍然存在着很大的差异。不同的地形部位具有不同的小气候、土壤、水文、植被及其他环境状况。在造林地上凡是与森林生长发育有关的自然环境因子统称为立地条件。一般的立地条件因子有：

（1）地形

地形包括海拔高度、坡向、坡形和部位、坡度、小地形等。地形引起小气候条件和土壤条件的变化，从而对森林的生长发育产生影响。一般随着海拔高度的升高，森林植被类型也发生类似由南向北的变化。

（2）土壤

土壤包括土壤种类、土层厚度、腐殖质层厚度、土壤质地、土壤结构、土壤酸碱度、土壤侵蚀程度、各土壤层次的石砾含量、土壤中的养分元素含量、土壤含盐量及成土母岩和母质的种类等。植物生长发育所需水分和矿质养分来源于土壤，造林地土壤的状况对森林的生长起着非常重要的作用。

（3）水文

水文包括地下水位深度及季节变化、地下水的矿化度及其盐分组成，有无季节性积水及持续期等。在平原地区，水文条件尤其是地下水位对植被的生长起重要作用，而在山地则作用较小。

（4）生物

生物包括造林地上的植物群落、结构、盖度及地上地下部分的生长分布状况，病、虫、兽害的状况，有益动物及微生物的存在状况等。在植被未受到严重破坏的地区，植被的状况能反映立地质量。

（5）人为活动

人为活动包括土地利用的历史沿革及现状、各项人为活动对上述各环境因子的作用等。不合理的人类活动，如取走林地枯枝落叶、不合理的整地方法和间种，将导致造林地土壤肥力的下降；而建设性的生产措施，如合理的整地、施肥和灌溉，能提高土壤肥力，提高造林地的生产性能。

2. 造林地种类

通过划分立地类型能够较为准确地了解造林地的特性，为适地适树奠定了基础。再根据造林地的环境状况，划分不同的造林地种类，可进一步表达造林地的特性。造林地种类大致归纳为四大类：

（1）荒山荒地

这是中国面积最大的一类造林地。这种造林地上没有生长过森林植被，或过去生长过森林植被，但多年前已遭破坏，植被已退化演替为荒山植被，土壤也失去了森林土壤的湿润、疏松等特性。荒山可按其现有植被划分为草坡、灌丛及竹丛地等。平坦荒地多是不便于农业利用的土地，如沙地、盐碱地、沼泽地、河滩地、海涂等。

（2）农耕地、四旁地及撂荒地

农耕地是营造农田防护林及林农间作地的造林地。农耕地一般平坦、裸露、土厚，条件较好，便于机械化作业。但农耕地耕作层下往往存在较为坚实的犁底层，对林木根系的生长不利。如不采取适当措施，易使林木形成浅根系，容易发病及风倒。造林时最好采用深耕及大穴深栽树。四旁地是指路旁、水旁、村旁和宅旁植树的造林地。在农村，四旁地基本上是农耕地或与农耕地类似的土地，条件较好。其中水旁地有充足的土壤水分供应，条件更好。在城镇地区，四旁地的情况比较复杂，有的地方立地条件较好，有的地方可能是建筑渣土、地下管道及电缆，有的地方则有屋墙挡风、遮阴或烘烤等影响。撂荒地是指停止农业利用一定时期的土地，它的性质随撂荒的原因及时间长短而定。一般撂荒地的土壤较为瘠薄，植被稀少，有流失现象，草根盘结度不大。撂荒多年的造林地，其上的植被覆盖度逐渐增大，与荒山荒地的性质相接近。

（3）采伐迹地和火烧迹地

采伐迹地是采伐森林（皆伐）后的林地。刚伐后的新采伐迹地是一种良好的造林地，光照充足，土壤疏松湿润，原有林下植被衰退，而阳性杂草尚未侵入，此时人工更新条件好，应当争取时间及时清理林地。火烧迹地是森林被火烧后腾出的林地，与采伐迹地相似，但有其特点。火烧迹地上往往站杆、倒木较多，需要进行清理。火烧迹地的土壤中灰分养料增多，土壤微生物的活动也因土温增高而有所促进，林地上杂草少，故应充分利用这些条件及时进行人工更新。新火烧迹地如不及时更新，造林地的环境状况将不断恶化，逐渐过渡为荒山造林地。

（4）已局部天然更新的迹地、低价值幼林地及林冠下造林地

这类造林地的共同特点是已长有树木，但其数量不足或质量不佳，或树已衰老，需要补充或更替造林。在已经局部天然更新的迹地上需要进行局部造林，原则上是"见缝插针，栽针保阔"。必要时也要砍去部分原有的低价值树木，使新引入的树木得到更均匀的配置。低价值幼林地：一是指封山育林或采伐迹地经天然更新而形成的天然幼林，由于树种组成或起源不良，使密度太小，分布不均；二是指人工造林由于不适地适树，树种组成不合理、造林密度偏大，或抚育管理不善等原因，致使林木成了"小老树"。这些都需要分别具体情况采取适当措施及时加以改造。林冠下造林地是指老林未采伐之前在林冠下进行伐前人工更新的造林地。这类造林地也有良好的土壤条件，杂草不多，但上层林冠对幼树影响较大。适用于幼年耐阴的树种造林，可粗放整地，在幼树长到需光阶段时要及时伐去上层林冠。

（四）造林方法

造林方法是指造林施工的具体方法。造林方法按所使用的造林材料（种子、苗木、插穗等）的不同，一般分为播种造林、植苗造林和分殖造林三种。根据造林树种的繁殖特性和造林地的立地质量，正确地选用造林方法，掌握施工技术，确定适宜造林季节，有利于以较低的经济投入来达到较高的造林成活率。

1. 播种造林

将林木种子直接播种到造林地的造林方法，又叫直播造林，简称直播。播种造林是一种常用的造林方法，虽然其应用不如植苗造林普遍，但在某些自然、经济条件下，依然显示出较大的优越性。播种造林又分为人工播种造林和飞机播种造林。

2. 植苗造林

将苗木作为造林材料进行栽植的造林方法，又称栽植造林、植树造林。植苗造林法受树种和造林地立地条件的限制较少，是应用最广泛的造林方法。植苗造林应用的苗木，主要是播种苗（又称原生苗）、营养繁殖苗和移植苗。

3. 分殖造林

分殖造林是利用树木的营养器官（如枝、干、根等）及竹子的地下茎作为造林材料直接造林的方法，又称为分生造林。其特点是能够节省育苗时间和费用，造林技术简单、操作容易，成活率较高，幼树初期生长较快，而且在遗传性能上保持母本的优良性状。这种方法主要用于营养繁殖的树种，如杨树、柳树、泡桐和竹类等。分殖造林按照所用营养器官和繁殖的具体方法，分为插条、插干、压条、埋干、分根和地下茎造林等。

（五）造林机械

1. 挖坑机

挖坑机主要用于造林植树挖坑，适用于平原、丘陵、沙地等不同条件下挖暖土的圆柱状穴坑。挖坑直径一般 0.4～1.0m，挖坑深度可达 1.2m。广泛用于大面积速生丰产林大苗穴坑以及城市路边园林绿化等。对生态建设、公路及铁路两侧绿化等挖坑植树效率高。

2. 植树机

植树机用于栽植 1～3 年生全株大苗，适应在平原、沙丘和退耕还林地上大面积植树或植灌。植树机作业时由前铧开沟破开表层干土、草皮、沙石，后铧在沟里再次开沟，植苗、培土、镇压、覆土一次完成，工作效率和苗木成活率可大大提高。

二、森林抚育与更新

对人工林或天然林，从幼林开始直到可以利用之前的整个林木生长过程中，为把森林培育成符合利用目的而实行的各种人工作业，称为森林抚育。

根据抚育措施作用于林木生长环境或是作用于林木本身的不同，森林抚育可分为幼林抚育和抚育间伐两大类。幼林抚育是直接作用于环境从而间接影响林木。抚育间伐直接作用于林木与环境，从而改善林木生长和品质。森林更新是在森林采伐利用后，为恢复森林而采取的措施。

（一）幼林抚育

新造幼林一般要经历缓苗、扎根、生长并逐步进入速生的过程。这一阶段的林分尚未郁闭，幼林基本上处于散生状态。这时进行抚育管理，是为了创造优越的环境条件，满足幼林对水、肥、气、光、热的要求，达到较高的成活率和保存率，并使之迅速成长，为林木速生、丰产、优质奠定良好的基础。幼林抚育包括以下几个方面：

1. 松土除草

幼树的松土除草可为幼树创造一个良好的生长环境，促进根系的呼吸活动，加速幼根的生长，并可减少土壤养分的流失，促进林木的生长。松土除草一般在造林后第一年开始，连续进行 3 ～ 5 年。

2. 浇水施肥

浇水施肥是促进林木生长的关键措施，特别是在北方干旱地区尤为重要。幼树除造林时要施足底肥外，成活后每年春季还要追一次肥，一般结合浇水进行。每年春季浇一次返青水；五六月在林木即将进入快速生长的前期，浇 1 ～ 2 次透水；一般雨季到来以后不再浇水，在土壤结冻前再浇一次封冻水。

3. 修枝

为促进林木生长，在造林后第二年开始，对主干下部萌生的枝条要全部剪掉，疏去徒长枝和并生枝。对于主枝不明显的幼树将枝头截去 1/2，促使其形成徒长枝，重新换头。对于有两个主枝的幼树，要疏去竞争枝。为促进林木主干通直圆满，根据树木生长情况，每隔 2 ～ 3 年，在春季萌发前或秋季落叶后进行一次修枝，剪去影响林木生长的徒长枝、竞争枝、并生枝和轮生枝，以免形成主干弯曲或"卡脖"。修枝时，一般在林分郁闭前保留树冠应占树高的 2/3，林分郁闭后保留树冠也应占树高的 1/2，以保证林木正常生长。

（二）抚育间伐

抚育间伐简称间伐，是指在未成熟的林分中，为了给保留木创造良好的生长环境条件，而定期采伐部分林木的森林培育措施。同时也作为一种中间利用手段，提供大量中、小径材。

由于构成林分的树种不同、年龄不同，则抚育采伐承担的任务不同，因而也就有不同的抚育采伐的种类。传统上我国将抚育采伐分为透光伐、除伐、疏伐、生长伐、卫生伐五类。

1. 透光伐

在天然混交幼林中的第 I 龄级的前半期，即林分开始郁闭时进行。目的是为了主要树种不被次要树种所压，使主要树种占优势，砍去部分次要树种，同时割除杂草、藤蔓。对密度过大的纯林，也应伐去其中生长不良的个体，改善林木生长发育条件。

2. 除伐

在天然混交林第 I 龄期的后半期，即林分完全郁闭后进行。继续完成透光伐未完成的调整组成的工作，还要伐去主要树种中的劣质木、生长落后木，通常在郁闭度 0.9 以上的林分中进行。

3. 疏伐

从干材林时期开始，主要是伐去树干弯曲、多杈、偏冠以及受害的、生长衰弱的林木，因而是干形抚育。在密度大的林分中，也要伐去一些干形虽好但生长不良的个体。

4. 生长伐

在疏伐结束后至主伐前一个龄级进行。此时林木高生长缓慢，干形已定，整枝也慢。因此，此时进行抚育采伐是为加速林木直径生长与材积生长，生产大径材，缩短工艺成熟期，并有利于林木结实，为下一代天然更新创造良好条件。

5. 卫生伐

将枯立木、风倒木、风折木、受机械损伤的濒死木，以及受病虫危害的无培育前途的立木伐去，目的是改善森林的卫生状况，减少病虫害与火灾的发生，促进林木的健康生长。

（三）森林主伐更新

对成熟林分或部分成熟林木进行的采伐称为森林主伐。主伐的目的：一是取得木材；二是更新森林，扩大再生产，使森林成为永续利用的资源。森林更新包括采伐老林和更换成新林的一系列工作，既包括采伐老林，创造有助于林木结实、种子发芽和幼苗生长的环境条件；也包括各种育林措施如清理采伐迹地、整地和抚育等，以期尽快使目的树种更替老林。主伐方式实际上是森林更新的一个组成部分，更新方法决定着主伐方式。

所谓主伐方式，就是在预定采伐的地段上，根据森林更新的要求，按照一定的方式配置伐区，并在规定的期限内进行采伐和更新的整个顺序。主伐方式依据更新方法的不同，基本可以分为以下三种类型：

1. 皆伐

一次采伐全部林木，人工更新或天然更新形成同龄林。

2. 渐伐

在不超过 1 个龄级期的较长期间内，分若干次采伐掉伐区的林木。利用保留木下种，并为幼苗提供遮阴条件。林木全部采完后，林地也全部更新起来，同样也是形成同龄林。

3. 择伐

分次采伐单株或群状老龄林木，形成并维持异龄林。

天然林或人工林经过采伐、火烧或其他自然灾害而消失后，在这些迹地上以自然力或用人为的方法重新恢复森林，称为森林更新。根据森林更新发生于采伐前后的不同，分为伐前更新和伐后更新。伐前更新（简称前更）是在采伐以前，在林冠下面的更新；伐后更新（简称后更）是在森林采伐以后的更新。更新的方法有人工更新和天然更新。对天然更新加以人工辅助，则称为人工促进天然更新。应根据森林类型的特点如树种特性、更新过程和演替方向等，选择合理的更新方法。在渐伐和择伐迹地并有天然更新条件的地方，可侧重利用天然更新；在皆伐迹地或没有天然更新条件的地方，应采用人工更新。

三、天然林保护工程

天然林保护工程（简称"天保"工程）是通过限制对天然林的采伐量，保护、恢复天然林资源，实施分类经营，优化经济结构，立体开发林区多种资源，特别是开展森林复合经营，合理分流富余人员，实现林区天然林可采资源的消长平衡、人口就业平衡、经济平衡和"三大效益"的平衡。

我国的天然林资源是最为基础的自然资源，主要分布在大江大河的源头、流域和重点山脉的核心地带。天然林资源是生物圈中功能最为完备的动植物群落，具有丰富的生物多样性，也是陆地生态系统强有力的支撑，发挥着维护生态平衡和提高生态环境质量的主体作用。天然林资源破坏容易恢复难，其所发挥的功能和作用，更是远非人工林所及。因此，把天然林作为单纯的经济资源来采伐利用，不仅十分可惜，而且后果严重。

我国国有林区天然林面积约 6300 万 hm²，占全国天然林面积的 52%，蓄积量约占全国天然林蓄积的 71%。这些天然林是长江和黄河流域、呼伦贝尔草原、三江平原、新疆畜牧区等地的重要生态屏障，对保护我国的水资源、保证大江大河的水利设施发挥长期的效能具有极其重要的作用，对维护区域乃至全国的农牧业稳产高产、调节气候、改善人类生存环境起着不可替代的作用。因此，国有林区是天然林保护的重点、难点和关键。

工程实施重点是国有林区，即分布于东北、西北和西南的黑龙江、吉林、内蒙古、陕西、甘肃、新疆、青海、四川、重庆和云南 10 个省（自治区、直辖市）的国有成片天然林林区。

天然林保护工程将林业用地划分为生态公益林和商品林两类，分别加以建设，从而构成我国生态公益林重点保护体系和商品林基地。商品林的建设是通过高强度集约经营、定向培育、基地化建设、规模化生产，发展速生丰产用材林、工业原料林及珍贵大径级用材林等，为重点地区长期发挥木材生产基地的作用奠定基础，从根本上解决木材供需矛盾。

四、水土保持与防护林工程

水土保持是防止水土流失，保护、改良与合理利用水土资源，维护和提高土地生产力，减轻洪水、干旱和风沙灾害，以利于充分发挥水土资源的生态效益、经济效益和社会效益。水土保持措施主要有两大类，分别是水土保持林草措施和水土保持工程措施。

防护林是为了防止自然灾害，改善气候、土壤、水文条件，创造有利于农作物和牲畜生长繁育的环境，以保证农牧业稳产高产、提供多种效用的人工林生态系统。水土保持林是防护林的一种。

（一）防护林工程

防护林指以防护为主要目的的森林、林木和灌木丛，包括水源涵养林，水土保持林，防风固沙林，农田、牧场防护林，护岸林，护路林。

我国防护林体系建设的重点包括三北、沿海、长江和平原农区等防护林人工生态工程。

全国整体的综合防护林体系覆盖范围达 578 万 km²，占国土面积的 60% 以上，包括了全国主要的水土流失、风沙危害、平原农区和台风盐碱地区。

（二）水土保持林

水土保持林是指在水土流失地区，调节地表径流，防治土壤侵蚀，减少河流、湖泊和水库泥沙淤积，改善山地丘陵的农牧业生产条件，提供一定林副产品的天然林和人工林。水土保持林对于控制水土流失、涵养水源、保护生态环境发挥着巨大的作用。

1. 调节地表径流

通过林分的乔、灌木林冠层截留降水来改变林下的降水量和降水强度，减少雨滴对地表直接打击的能量，延缓径流形成的时间。林下灌木和草本植物及枯枝落叶，不仅保护地表土壤免遭雨滴的冲击，减少了击溅侵蚀，而且增加了地表粗糙度，削弱了地表径流，在很大程度上降低径流携带泥沙的能量。枯落物层腐烂后，在土壤中形成团粒结构，有利于大量微生物活动，有效地增加了土壤的孔隙度，从而使森林土壤对降水有极强的吸收和渗透作用，增大了土壤水容量和渗透系数，有利于水分的下渗，发挥了良好的径流调节作用。

2. 涵养水源

水土保持可以增加、保持、滞蓄下渗水分，调节河川流态，削减洪峰流量，延长径流历时，增加枯水期河流流量，从而减轻洪水危害。

3. 增强土壤的抗蚀抗冲性

依靠林分的乔、灌、草密布的地上部分及其强大的根系网络，减少径流冲刷从而固持土壤，改善土壤理化性质和结构。强大的根系也可发挥良好的固岸、固坡、防冲、护滩以及减少滑坡、崩塌等作用，增强了土壤的抗蚀抗冲性。

（三）水土保持工程

水土保持工程是改变小地形、控制坡面径流、治理沟壑防止水土流失的重要措施。在单靠林草措施和生物技术措施不能充分控制水土流失的地方，就必须配合实施工程措施，相互促进。水土保持工程主要包括坡面治理工程、沟道治理工程和山区小型水利工程等。

1. 坡面治理工程

坡面治理工程也称治坡工程，如梯田、梯地、水平沟、水平阶、鱼鳞坑、水簸箕和地坎沟等，在防止坡面径流、保持水土、促进农业生产中有着重要作用。这些治坡工程形式各异，但都有一个共同的特点，即在坡面上沿等高线开沟筑坡，修成不同形式的水平台阶，用改变小地形的方法，起到蓄水保土作用。

其中梯田分为水平、坡式和隔坡梯田三种。隔坡梯田是沿原自然坡面隔一定距离修筑一水平梯田，在梯田与梯田间保留一定宽度的原山坡植被。

2. 沟道治理工程

沟道治理工程也称治沟工程，是丘陵山区治理水土流失的重要工程内容，是防止沟壑侵蚀发展、变荒沟为良田的有效措施。在我国黄土丘陵沟壑区，把沟壑治理与建设高产稳产农田结合起来的做法，是独具风格的。

（1）沟壑治理

无论发育在何种土壤、地形条件下的侵蚀沟，在治理过程中都应遵循从上到下、从坡到沟、从沟头到沟口，全面部署、层层设防的原则，既要解决侵蚀发生的原因，又要解决侵蚀产生的结果。

（2）沟头防护工程

沟头防护工程用于防止沟头因径流冲刷而发生的沟头前进和扩张，有蓄水式和排水式两种类型。无论哪种类型都应与造林种草密切结合起来，使之更有效地保持水土。蓄水式沟头防护工程多修在距分水岭较近、集水面积较小、暴雨径流量不大的沟头，或虽坡面集水面积较大，但坡面治理已基本控制住了坡面径流的沟头，要求把水土尽可能拦蓄。在沟头较陡、破碎，坡面来水量较大的地区，没有条件将水拦蓄，或拦蓄后易造成坍塌时，可采用排水式沟头防护工程。将沟头修成多阶式跌水或陡坡状的防冲排水道，也可采用悬臂式排水工程。

（3）沟底工程

从本质上讲，沟底工程就是修筑堤坝，主要有谷坊、淤地坝和小水库三类。谷坊是稳定河床、防止沟底下切、抬高侵蚀基准的一项工程措施，能拦泥缓流、改变沟底比降，为植物在沟床中生长提供条件。淤地坝是滞淤拦泥，控制沟床下切、沟壑扩张，变荒沟为良田，合理利用水土资源的一项重要措施。淤地坝和谷坊一样，都是修筑于沟底的坝，但它们的大小、高低和目的不同。谷坊多在毛沟内修筑，高度一般在5cm以下；淤地坝高度一般在5cm以上，依据径流量和泥沙冲刷量而定，其功能除稳定沟床外，更重要的是拦泥淤地，扩大耕地，达到稳产高产目的。

在溪沟河谷地形条件较好、集水面积较大的地段，可修建小型水库，对防洪、灌溉、发电、养鱼、保持水土、促进农业增产等方面都有重要作用。

3. 小型水利工程

在水土流失地区，除沟中小水库外，在坡面上可修筑"以蓄为主，排蓄结合"的小型水利工程。它们在暴雨时能拦蓄地表径流，减缓流速，同时有助于用洪用沙，变害为利。小型水利工程包括塘坝（塘堰）、蓄水池（陡塘、山弯塘、涝池）、转山渠（盘山渠、撇洪沟）、土窖、水窖、引洪漫地等。

五、森林防火灭火工程

森林火灾是一种自然灾害，具有很强的周期性、突发性和破坏性，它的发生与天体演变、气候变化和人类活动密切相关。森林火灾具有自然灾害和人为灾害的双重性，重在自然灾害属性。

（一）综合森林防火

综合森林防火是从生态观点出发，根据森林的实际情况和现有的技术水平，进行综合性的森林防火规划，采用人为和天然的多种防火措施，有效地把森林火灾控制在允许范围之内，将森林火灾损失限制在一定水平，以维护森林生态平衡。

综合森林防火措施主要包括营林防火、生物与生物工程防火、以火防火、群众防火等。

1. 营林防火

开展营林防火，就是使森林经营和森林防火结合起来。森林经营的目的是不断地调节森林结构，改善森林生长发育的条件，这与森林防火的要求常常是一致的。通过营林防火措施可减少和调节森林可燃物，增强林分的抗火能力和防火功能，是森林防火的基础。营林防火主要措施有：扩大森林覆被，加强造林前整地和幼林抚育管理，针叶幼林郁闭后的修枝打权、抚育间伐。

2. 生物与生物工程防火

自然界中形形色色的动物、植物和微生物对火有着不同的抗性。不同的森林植物群落的燃烧性不同，不同动植物之间的相互作用和影响也会影响到森林的燃烧性。生物与生物工程防火的实质是利用自然界的力量和条件以及生物之间的相互作用关系来开展防火。

开展生物与生物工程防火，可以利用不同植物、不同树种的抗火性能来阻隔林火的蔓延。也可以利用不同植物或树种的生物学特性的差异，来改变火环境，使易燃林地变为难燃林地，增强林分难燃性。还可以通过调节林分结构来增加林分的难燃成分，减少易燃成分，从而降低森林的燃烧性。此外，利用微生物、低等动物或野生动物的繁殖，减少易燃物的积累，也可以达到降低林分燃烧性的目的。总之，生物与生物工程防火，主要是通过调节森林燃烧的物质基础，来达到森林防火的目的。

3. 以火防火

火能引起森林火灾，破坏森林结构，影响森林正常发育，给森林带来危害。但是，在人为控制下，按计划用火，则可减少森林中可燃物积累，给森林防火带来益处，有利于防火。只要方法对头，以火防火是一种多快好省的防火措施。目前许多发达国家都在推行大面积计划火烧，以减少森林火灾的危害。

4. 群众防火

全世界由于人为原因引起的森林火灾占森林火灾总次数的 75% 以上。通过宣传教育，让人们认识森林火灾的危害性，强化全民森林火灾预防意识和法治观念，使森林防火变为全民的自觉行动。加强群众防火，减少人为火源，可使森林火灾明显减少。

（二）森林灭火

森林燃烧需要具备燃烧的三个条件：森林可燃物、空气（氧）和火源。构成燃烧三要素中缺少一个要素燃烧就会停止。因此，扑救森林火灾就是破坏其中一个要素使火熄灭。

1. 扑救林火机理

（1）窒息灭火（隔绝空气）

隔绝可燃物，使着火的可燃物与未着火的可燃物隔离，达到灭火的目的。隔绝或稀释空气，使空气中氧的浓度低于 14% ～ 18%，使其窒息熄灭，以达到灭火的目的。可采用化学灭火剂，也可用覆盖或扑打的方法，使可燃物与空气隔绝而熄灭林火。此法适合于林火初期，对大面积森林火灾，需要隔绝空气的空间过大，就有困难。

（2）冷却灭火

降低温度，使可燃物的温度降至燃点以下。如在可燃物上覆盖湿土或洒水等，使可燃物的温度低于燃点，达到冷却降温灭火的目的。

（3）隔离灭火（封锁可燃物）

使火与可燃物隔离而达到灭火。一种是使燃烧的可燃物与未燃烧的可燃物彻底分离，如建立防火线、防火沟、生土隔离带等措施；另一种是增加可燃物的耐火性，喷洒化学灭火剂或水等，使其成为难燃或不燃物。

2. 扑救林火的基本方法

（1）直接扑火法

这类扑火方法适用于弱度、中等强度地表火的扑救。由于林火的边缘上一般有40% ～ 50% 的地段燃烧强度不高，因而这个范围可作为扑火员的安全避火点。从这个点出发，沿顺风方向分别向火场的两侧翼推进，扑火员靠近火边直接扑火。扑火员由于距离火近，容易了解林火的温度和强度，因此易保证安全，同时扑火费用也少。直接扑火法分为扑打法、土灭法、水灭法、风力灭法及化学灭火法等。

（2）间接扑火法

有时由于火势、可燃物类型及人员设备等原因，不允许采用直接扑火法，这时就要采用间接扑火法。这类灭火法适用于高强度的地表火、树冠火及地下火。主要是开设较宽的防火线或利用自然障碍物及火烧法来阻隔森林火灾的蔓延。

（3）平行扑救法

当火势很大、火的强度很高、蔓延速度很快、无法用直接方法来扑救时，由地面扑火员和推土机沿火翼进行作业或建立防火隔离带。

3. 常用灭火方法

（1）扑打法

扑打法是最原始、最常用的一种林火扑救方法，常用于扑救弱度和中等强度的地表火。常用的扑火工具有"一号工具"和"二号工具"，前者是用树条扎成的扫帚或将湿麻袋绑在木棒上；后者是用汽车外胎的里层剪成宽 $2\sim3cm$、长 $0.8\sim1m$ 的胶皮条，绑在塑料棍上呈拖把状。

（2）土灭法

土灭法是以土盖火，使火与空气隔绝，从而使火窒息。适用于枯枝落叶层较厚、森林杂乱物较多的地方，用扑打法不易扑灭时，可采用锄头、铁锹等工具取土盖火。一般在林地土壤结构疏松时使用。土灭法的优点是就地取材，效果较好，在清理火场时用土埋法熄灭余火，防止"死灰"复燃也十分有效。

（3）水灭火法

水是消防上最普遍应用的一种灭火剂。当火场附近有水源如河流、湖泊、水库、蓄水池等时，应该用水灭法。其不但可缩短灭火时间，而且能够有效地防止复燃。

（4）风力灭火法

这是利用风力灭火机产生的强风，把可燃物燃烧释放的热量吹走，切断可燃性气体而使火熄灭的一种灭火法。风力灭火机只能用于扑灭弱度和中度的明火，不能灭暗火，否则愈吹愈旺。

（5）爆炸灭火法

利用爆炸法不仅可以开辟生土带、防火沟，阻止火灾蔓延，同时还可以利用爆炸产生的冲击波和泥土直接扑灭猛烈的大火。一般在偏远林区发生大面积火灾，消防人员不足、林内杂乱物较多、新的采伐迹地和土壤坚实的原始森林可采用这种方法。爆炸灭火有穴状爆炸、索状炸药爆破、手投干粉灭火弹和灭火炮等方法。

（6）隔离带阻火法

在草地或枯枝落叶较多的林地内发生火灾并迅速蔓延时，单靠人工扑打有困难，可在火头蔓延的前方，在火头到来之前开设好生土隔离带。可用锹、镐、铲等掘土，也可用投弹爆破，把土掀开，以阻止地表火蔓延。也可使用拖拉机开设生土带，或伐开树木、灌木等，以阻止树冠火的蔓延。

（7）防火沟阻火法

这是阻止地下火蔓延的一种方法。在有腐殖质和泥炭层的地方发生地下火，可以用挖沟的办法进行阻火。沟口宽为 1m，沟底宽为 0.3m，沟深取决于泥炭层的厚度，一般低于泥炭层 0.5m，这样才能起到阻火作用。

（8）以火灭火法

这是一种扑救树冠火和高强度地表火的有效灭火法。此外，也是大火袭来时扑火员自我保护的一种方法。但是，这种方法有很大的危险性，要求有很高的技术水平。如果掌握得好，这是一种省工、省力、省钱、高效的应急灭火方法；如使用不当，不但起不到灭火作用，反而会助长火势，加速火的蔓延，甚至造成人身伤亡事故。

4. 常用灭火机械

（1）油锯

油锯主要在开设永久和临时隔离带时使用。

（2）割灌机

割灌机主要在清理林下可燃物和防火隔离带上的易燃可燃物时使用。

（3）风力灭火机

利用风机产生的强风，将可燃物燃烧产生的热量带走；切断已燃、正燃和未燃可燃物之间的联系，使火熄灭。这种灭火机械对消灭森林火灾、草原火灾有明显的效果，已被广大林区和草原的防火部门所采用。这种便携式风力灭火机适合专业防火队使用。它体积小、重量轻、单人操作，同时具有风力强、易操作、能挎、能背、能提、耗油少、不受地形限制的优点。工作时，由于风力对灭火机的反作用，使扑火员负重减轻，操作更加轻便。

（4）灭火水泵

灭火水泵采用二级高扬程、低流量微型离心泵。喷水能对燃烧物进行有效冷却，水在受热蒸发时又能产生大量的水蒸气并占据了燃烧空间，阻碍空气进入燃烧区，使燃烧区局部氧含量减少。同时，水经过水泵增压后，压力增加，能以较大的动能冲击燃烧物，从而冲散燃烧物减弱燃烧强度。喷水灭火是扑灭林火，特别是林冠火、地下火的最有效方法。

5. 森林化学灭火

森林化学灭火是利用化学药剂防止和扑救森林火灾，或者阻滞森林火灾的蔓延和发展。这种方法的特点：一是灭火快、效果好、复燃率小，二是改变了灭火作业的人海战术，三是大大减少了灭火的用水量。

森林化学灭火是一项先进的灭火技术，需要各种化学灭火药剂和施用设备。可用于直接扑灭地表火、树冠火和地下火等多种森林火灾，也可用于开设防火隔离带。尤其是在人烟稀少、交通不便的偏远林区，利用飞机喷洒化学药剂直接灭火或阻火特别有效。

化学灭火剂至少应具备以下性质之一：一是高度的吸湿性以降低可燃物的燃烧性；二是受热分解过程中放出抑燃气体（如水蒸气、氨气、CO_2、氮气等）；三是受热分解后形成薄膜，覆盖在可燃物的表面；四是分解时吸收大量热能，以降低燃烧区温度。

6. 飞机灭火

在交通不便、人烟稀少的偏远林区采用各种类型的飞机，进行跳伞灭火、机降灭火及空中喷洒灭火，具有重大战略意义。由于飞机不受地形和地面交通的限制，具备快、灵活机动、战斗力强等特点，所以在森林防火灭火中可以实现"打早、打小、打了"的目的。

（1）空降灭火

空降灭火即跳伞灭火，能及时发现火情，及时扑救，最适于大面积偏远原始林区的灭火。

（2）机降灭火

机降灭火是利用直升机将地面扑火人员迅速送到火场，从而及时控制林火蔓延和将火消灭在初发阶段。

（3）索降灭火

在有的地区，特别是山高林密、交通不便的偏远林区，火场周围常缺乏机降灭火所必需的着陆场地，这时，采用直升机索降人员到达火场进行灭火，对雷击火区尤为有效。

（4）飞机化学灭火

利用飞机喷洒化学药剂进行阻火、灭火。其特点是速度快、不受地面交通的限制、灭火效果好。利用固定翼飞机或直升机装载化学药剂进行直接或间接灭火，一般对扑灭沟塘草甸火、灌丛火、次生林火、草地和草原火效果较好，而对扑救郁闭度较大的林内地表火效果较差。

（5）人工催化降水灭火

在森林火灾的危险季节，天空中常出现降雨的条件，但没达到临界点，故不能降雨。如果采取人为催化措施，就能促进降雨，达到灭火和防火的目的。

六、森林病虫害防治工程

（一）营林防治

营林防治是通过各项营林措施，达到抑制害虫、病害的发生或减轻危害的目的。主要包括营造抗病虫树种，育苗、造林技术，管理措施等。通过营林防治，促进林木健壮生长，增强抗虫、抗病能力，形成林内生物群落多样化和复杂化，造成不利于害虫、病害发生和成灾的生态环境，是"预防为主、综合防治"的基础。

1. 营造抗病虫树种

火炬松、南亚松对马尾松毛虫有很强的抗性，其次是湿地松、加勒比松、黑松。幼虫取食这些松树针叶后死亡率增高，雌性比例下降，产卵量减少。晚松、火炬松、湿地松、刚松、美国短叶松、光松、展松和长叶松这8种松树能够抗日本松干蚧。攸县油茶对油茶炭疽病有较强的抗性。中国板栗尤其是明栗、油光栗比美洲板栗的抗栗疫病能力强。在病虫害发生严重的地区，可因地制宜，选择相应的树种造林。

2. 育苗、造林技术

苗圃地的选择对防治病虫害有重要意义。如土质不好或排水不良，不但对苗木生长影响很大，也成为许多侵染性病害的诱发条件。在长期栽培蔬菜等作物的土地上，由于积累病原物较多，也不宜做苗圃地。深翻土地可以破坏土表病菌和土层深处害虫生活的环境，而形成有利于苗木生活的条件。适地适树，营造混交林，可以改善森林生态环境，促进林木生长，增加害虫天敌数量和种类，有效地抑制病虫害的发生和发展。

3. 管理措施

管理措施包括封山育林、合理整枝、保护林下灌木和草类、栽植固氮植物等。各项管理措施密切配合，长期坚持，就能丰富森林生物群落、昆虫和天敌种类，构成复杂的食物网链。

（二）物理防治

物理防治是利用物理或机械的方法，消除或减轻病虫危害，如人工和机械防治、诱杀（灯光、毒饵、潜所诱杀）、浸种、热力处理、套袋、涂胶、涂白、辐射不育及超声波等。目前林业较多采用灯光诱杀、潜所诱杀、辐射不育及温汤浸种等防治措施。

1. 灯光诱杀

利用害虫的趋光性，在成虫羽化期设置灯光诱杀，是防治鳞翅目害虫如松毛虫、刺蛾、鞘翅目中金龟子等的措施之一。据统计，黑光灯可诱到 10 目 60 余科的害虫和益虫。黑光灯一般在无月亮黑夜、天气闷热、雷阵雨前诱杀效果最好，而在大风大雨、气温低的夜里诱杀效果最差。

2. 潜所诱杀

利用害虫的潜伏习性，人为设置潜伏条件，引诱害虫来潜伏过冬，然后予以消灭。如马尾松毛虫在浙江沿海一带有下树在地被杂草下结茧的习性，可在树干基部设置稻草束，诱集结茧，对毛虫茧蛹进行处理后即可消灭害虫。利用许多蛀干害虫如天牛、小蠹、象鼻虫喜欢在新伐倒木上产卵的习性，在林中放置饵木诱其产卵，然后处理饵木。小地老虎幼虫常隐蔽在草堆下，可在地面铺泡桐叶诱杀。

3. 辐射不育

利用低剂量的 γ 射线处理马尾松毛虫的雄蛹，使其失去生育能力但仍保持与雌虫交尾的功能。把这种雄虫放到林间，使它与林间雌虫交尾。这样，雌虫产的卵不能孵化出幼虫，从而达到控制害虫的目的。

4. 温汤浸种

在造林播种前，用温开水浸烫种子，以杀死种子中的病原生物，起到防病作用。在河南，将泡桐丛枝病的种根，在 40 ～ 50℃热水中浸 30min，能杀死种根中类菌质体。林木种子夏日曝晒，可以杀死种子中潜伏的害虫。

（三）化学防治

在现行的森林害虫、病害防治中，化学防治是最主要的措施，它有见效快、施用方便、比较经济的优点。化学农药有杀虫剂、杀菌剂。

使用农药防治，需要根据害虫、病害的特点，正确选择防治时间、地点，合理选择农药品种、施药方式及施药浓度，才能达到安全经济有效的目的。

主要的施药防治方式有喷粉、喷雾、喷（放）烟、树干打孔注药、树干毒环毒绳、毒土、熏蒸、毒饵等。

（四）生物防治

生物防治指以菌治虫、以虫治虫、以抗生素或各种生物制剂防治病虫害，可取代部分化学农药。生物防治经济、安全，对林木及环境无污染，不伤害天敌，害虫不易产生抗药性，近年来受到普遍重视。

1. 以虫治虫

利用螳螂、瓢虫、草蛉、蚂蚁捕食害虫，或利用寄生蜂、寄生蝇寄生于害虫的卵、幼虫、蛹中而防治害虫。以虫治虫包括释放、助迁、引进及填充寄主食物等内容。

2. 微生物治虫与防病

利用某些微生物对昆虫的致病作用或对病原菌的抑制作用防治病虫害，包括细菌、真菌、病毒、立克次体、原生动物和线虫等，其中应用最多的是细菌、真菌和病毒。

（五）常用药械

1. 常用药械分类

施用农药用药械主要按使用范围、配套动力分类。

（1）按使用范围分类

①苗圃及林内喷药用药械

如喷粉机、喷雾弥雾机、超低量喷雾机和喷烟机等。

②仓库熏蒸用药械

如烟雾机、熏蒸器等。

③种子消毒用药械

如浸种器、拌种机等。

④田间诱杀用药械

如黑光诱虫灯和一般诱虫器具。

（2）按配套动力分类

①手动药械

如手动喷粉器、手摇拌种机、手动喷雾器和手动超低量喷雾器等。

②机动药械

如机动喷粉机、机动喷雾机、机动弥雾机、电动超低量喷雾机、机动背负超低量喷雾机、机动烟雾机、拖拉机悬挂喷雾机、拖拉机悬挂喷粉机、飞机喷雾机、飞机喷粉机、飞机超低量喷雾机和机动拌种机等。

2. 常用药械简介

（1）喷粉机具

用风扇气流将粉状药剂通过喷管和喷粉头吹送到防治目标上，常用的有手动背负式和胸挂式喷粉器、担架式动力喷粉机以及拖拉机悬挂式喷粉机等。

（2）喷烟机

利用液体燃料燃烧时产生的高温气流或内燃机排出的废气，使油剂农药挥发、热裂成直径小于 50μm 的微粒，随高温气流喷出形成烟雾，悬浮在空中并沉降到防治目标上，适用于果园、仓库和温室内的病虫害防治。

（3）喷雾机具

用于将液体或粉状药剂的水溶液以雾滴状喷洒到防治目标上，主要分喷雾器、弥雾机和超低量喷雾器三类。常用的有手动喷雾器、担架式机动喷雾机、背负式机动弥雾机、与拖拉机配套的喷杆式喷雾机、果园用风送式弥雾机和手持电动式超低量喷雾器等。

喷雾器或喷雾机是用液泵或气泵对药液加压，通过喷杆、喷头或喷枪将药液雾化成直径为 150～400μm 的雾滴喷出。弥雾机则是利用风扇产生的高速气流，将经液泵加压后的药液进一步击碎成直径为 50～150μm 的弥雾状雾滴，以获得更好的附着性能和喷洒均匀度。

超低量喷雾器使用不加水或只加少量水的高浓度药液，在高速旋转（8000～10000r/min）雾化盘的离心力作用下，将药液细碎成直径为 70～90μm 的微细雾滴，随风飘移并均匀地沉降到防治目标上。具有药剂用量少、防治效果好的特点。

七、荒漠化防治工程

荒漠化是指在干旱、半干旱和某些半湿润和湿润地区，由于气候变化和人为活动等因素所造成的土地退化，它使土地生物和经济生长潜力减少甚至基本丧失。

土地荒漠化源于气候的影响，也因人类不合理的经济活动所致。导致荒漠化的主要原因在于过度农垦、过度放牧，以及破坏植被等不合理的人类活动。

荒漠化防治技术如下：

（一）生物治沙技术

生物治沙又称为植物治沙，是通过封育、营造植物等手段，达到防治沙漠、稳定绿洲、提高沙区环境质量和生产潜力的一种技术措施。植物治沙的主要内容包括建立人工植被或恢复天然植被以固定流动沙丘；保护封育天然植被，防止固定或半固定沙丘和沙质草原向沙漠化方向发展；营造大型防沙阻沙林带，阻止绿洲、城镇、交通和其他经济设施遭受外侧流沙的侵袭；营造防护林网，保护农田绿洲和牧场的稳定，并防止土地退化。由于植物治沙不仅在防沙治沙，更在改善生态环境、提高资源产出效益上有巨大的功能，因而成为最主要和最基本的防治途径。

（二）工程治沙技术

工程治沙又称机械固沙，是指采用各种机械工程手段，防治风沙危害。由于沙漠的流沙运动及其危害主要是由风力作用所致，其形成、发展与风力的大小、方向有直接关系，因而工程治沙便主要采取机械途径，通过对风沙的阻、输、导、固达到减轻风沙作用、防止风沙危害的目的。从阻止风沙、改变风沙的运动着手，则有铺设沙障、建立立体栅栏、利用各种材料网膜的技术。从输导风沙着手，则有引水拉沙、治沙造田技术。这些便构成了工程治沙技术体系。

（三）化学治沙技术

化学治沙是指在风沙环境下，采用化学材料与工艺，对易发生沙害的沙丘或沙质地表建造一层能够防止风力吹扬又具有保持水分和改良沙地性质的固结层，以达到控制和改善沙害环境、提高沙地生产力的技术措施。化学治沙技术包含沙地固结和保水增肥两方面。

第二节　森林资源开发利用工程

一、木材资源的开发利用

（一）木材的特点

1. 质量轻而强度高

木材具有质量轻而强度高的特点，其比强度（单位体积质量的材料强度，即材料的强度与其表观密度之比）要远高于普通混凝土和低碳钢。与其他材料相比，木材能以较小的截面满足强度要求，同时大幅度减小结构体本身的自重，是一种优质的结构材料。

木材的力学性能存在着各向异性，木材的顺纹抗拉、顺纹抗压强度及抗弯强度均较高，横纹抗剪强度也较大，但横纹抗拉和抗压强度较低。

2. 易加工且加工所需能耗低

木材可以任意锯、刨、削、切、钉，所以在建材、家具、装修方面更能灵活运用。如以木材加工的单位能耗为 1，则水泥为 5、塑料为 30、钢为 40、铝为 70，木材加工的能耗是最低的。

木制品的生产过程，无论纸浆蒸解、木质板类热压还是锯材的人工干燥等，都是在不超过 200℃的温度下完成的，而铁、陶瓷制品则需在 1000℃以上高温条件下生产，塑料制品则在近 800℃高温下生产。

3. 良好的视觉特性

视觉特性是指材料对光的反射与吸收、颜色、花纹等及其对人的生理与心理舒适性的影响。木材有天然的花纹、光泽和颜色，纹理美观，易于着色和油漆，装饰效果好。因此，木材有特殊的装饰效果，满足人类回归自然的要求，很适合于室内装修、家具制作等。

4. 为可再生资源且可以循环利用

木材是当今四大材料（钢材、水泥、木材和塑料）中唯一可再生，且可以循环使用的生物资源。一般林木生长 10～20 年后就可以采伐利用。用过的家具或木质建筑材料可回用于生产刨花板和纤维板，刨花板和纤维板分解得到的木质部分可作为原料制造新的板材，达到节约环保的目的。

5. 有利于缓解温室效应

每生产 1t 材料：树木生长可释放 O_2 1070kg、吸收 CO_2 1470kg、而炼钢生产会释放 CO_2 5000kg、水泥生产会释放 CO_2 2500kg。

木材的使用直接和间接地减缓了温室效应。其直接作用是吸收了 CO_2，间接作用是减少了水泥、钢材等的使用，且加工木材的能耗较低。

6.木材作为生物质能源，可减少化石燃料消费

木材作为能源材料，可直接燃烧或提炼燃料，从而替代化石燃料，有利于节能降耗和减少大气污染。

木材还具有吸湿、解吸性能和良好的吸声效果，木材导热系数小，是良好的隔热保温材料。

（二）木材的用途

1.建筑、室内装修

木材是传统的建筑材料，在古建筑和现代建筑中都得到了广泛应用。在结构上，木材主要用于构架和屋顶，如梁、柱、椽、望板、斗拱等。在国内外，木材历来被广泛用于建筑室内装修与装饰。近年来，我国木门、木地板的消耗量很大，园林建筑中也广泛使用木材。

2.家具

木制家具需求量很大。近几年，随着城镇化的发展、居住条件的改善，我国人均年消费家具逐年攀升。

3.生产纸浆和纸

木材是最主要的造纸纤维来源，它提供了世界造纸纤维需求量的 90% 以上。木材原料的纤维长、纤维形态好、纤维素含量高，可作为高档纸的原料。针叶树中的云杉、冷杉、马尾松、落叶松、云南松和阔叶树中的杨树、桦树、桉树、枫树、榉树，都是造纸原料；近年来大量发展的人工林主要是为了满足造纸原料的需求。

4.林化产品

从树木中可以提炼出一些林产化工产品。木材化学物质主要包括三大主成分：纤维素、半纤维素、木素。另外，还有一些天然的树脂等。主要林产化工产品包括松香、松节油、松针油、栲胶、各种木材干馏产品和木材水解产品等。

木材还可用作坑木、木枕、包装材料，用于制作文化娱乐用品和体育器材，以及作为一些工具、设备的配件。木材在许多山区仍是主要的燃料，生物质发电也主要以木材为燃料。

（三）我国木材商品类别

木材商品指符合国家技术标准，可以在市场进行交换的木制品原料。这些原料木材可以根据需要加工成建筑装修的材料、家具、造纸原料等。木材商品可以分为以下几类：

1. 圆材类商品

商品圆材包括原条和原木。

树木伐倒后，只经过打枝而不进行造材的产品称为原条。再经造材截短后得到的产品称为原木。原木分为直接用原木和加工用原木两类。直接用原木用于屋架、檩条、椽木、木桩、电杆、采掘支柱、支架（坑木）等。加工用原木用于锯制普通锯材、制作胶合板等。另外，全国各地还生产有小径原木、次加工原木、脚手架杆、小径条木等商品材。

原木按树种分类，一般分为针叶树材和阔叶树材。例如，杉木、松木、云杉和冷杉等是针叶树材，蒙古栎、水曲柳、香樟、檫木、桦木、楠木和杨木等是阔叶树材。中国树种很多，各地区常用的木材树种亦各异，例如，东北地区主要有红松、落叶松（黄花松）、鱼鳞云杉、红皮云杉、水曲柳等，长江流域主要有杉木、马尾松，西南、西北地区主要有冷杉、云杉、铁杉。

针叶树，树叶细长，大部分为常绿树，其树干直而高大，纹理顺直，木质较软，易加工，故又称软木材。针叶树材表观密度小，强度较高，胀缩变形小，是建筑工程、家具、造船的主要用材。

阔叶树，树干通直部分较短，木材较硬，加工比较困难，如榆、水曲柳、栎木、榉木、槭木、樟木、柚木、蒙古栎、香樟、檫木、桦木、楠木和杨木等、紫檀、酸枝、乌木等，故又称为硬（杂）木材。其表观密度较大，易胀缩、翘曲、开裂，但阔叶树材质地坚硬、纹理色泽美观，适于做装修用材、胶合板等。常用作室内装饰、次要承重构件、胶合板等。

原木按质量分类，可分为等内原木、等外原木。分类的依据是木材的缺陷（如节子、腐朽、变色、裂纹、虫害、形状缺陷等）。原木也可以按尺寸分类，如按径级或长级分类。

2. 锯材类商品

锯材是原木经锯切加工成具有一定尺寸（厚度、宽度和长度）的产品，按用途分为通用锯材和专用锯材两个大类，包括针叶树锯材、阔叶树锯材、普通锯材、特殊锯材。广泛用于工农业生产、建筑施工以及枕木、车辆、包装等。凡宽度为厚度3倍以上的称为板材，宽度不足厚度3倍的称为方材。普通锯材的长度，一般针叶树为 $1 \sim 8m$，阔叶树为 $1 \sim 6m$；长度进级，东北地区 $2m$ 以上按 $0.5m$ 进级，不足 $2m$ 的按 $0.2m$ 进级；其他地区按 $0.2m$ 进级。

3. 人造板类商品

我国木质人造板主要分为胶合板、刨花板、纤维板和热固性树脂装饰层压板四大类。

4. 木片

木片指利用森林采伐、造材、加工等剩余物和定向培育的木材制成的片状木材，作为制浆造纸原料和制作木基板材的原料，可直接作为木材商品进行贸易。

5. 薪材

凡未列入国家、行业木材标准范围内的木材种类可做薪材利用。薪材的规格尺寸为长度不超过 1m，检尺径级不大于 5cm。

6. 木浆

木浆分为机械木浆、化学木浆、半化学木浆三类。

二、林下经济产品的开发利用

（一）林下经济的概念

林下经济是指以林地资源为基础，充分利用林下特有的环境条件，选择适合林下种植和养殖的植物、动物和微生物物种，构建和谐稳定的复合林农业系统，进行科学合理的经营管理，以取得经济效益为主要目的，从而发展林业生产的一种新型高效性经济模式。即在不影响林木的正常生长、不降低其生态功能的前提下，以林地、园地资源为依托，进行合理的种植、养殖。农林复合生态经济系统具有多样性、系统性、稳定性、集约性和高效性的特征。

（二）林下经济的结构设计

林下经济的结构分为空间结构、时间结构、营养结构和产品结构等方面。

空间结构是各种农林复合模式内的空间分布，即物种的互相搭配。水平结构和垂直结构是空间结构的两种基本形式。水平结构是指农林复合经营模式的生物平面布局，其中物种密度和水平排列方式是构成水平结构多样性的主要因素。各组成成分垂直排列的层次和垂直距离构成农林复合经营的垂直结构。一般说来垂直高度越大，层次越多，空间容量也就越大，资源利用率也就越高。

在农林复合经营系统中，时间结构分为季节结构变化和不同发育阶段结构变化两种变化方式，主要受气候以及生物生长发育节奏的影响。时间结构设计就是根据各种资源的时间节律，设计出能有效利用资源的合理格局或功能节律，使资源转化率提高。

营养结构即食物链设计，就是根据物种间的捕食、寄生和相生相克等相互作用关系，人为地引入、增加物种，以建立生物间合理的食物链结构或关系。

农林复合系统输出产品包括农、林、牧、渔、旅游、清洁能源等多种多样产品。考虑经济价值及市场需求进行产品结构设计，确定产品的种类和用途，用多产业结构模式替代林业或农业的单一生产结构模式，使农林复合生态经济系统的主产品由原来的 1 个（木材或粮食）扩大成为多个（饲料、燃料、肥料、药材、食用菌、蔬菜、水果等），使系统的功能和效益最大化。

农林复合系统结构的内容选择应注意空间搭配，根据所选间作树种的生物学特性，确定间作结构，采用适宜的组成和密度。喜光速生的树种可以搭配生长慢的树种或经济树种、中药材、牧草。在幼林郁闭前，行间或株间间作的农作物、牧草、药材等可增加短期经济收入，如刺槐幼林间作小麦、花生、大豆、地瓜，银杏幼林间作药用植物等。在刚郁闭林内可间作较耐阴的药材、牧草、蔬菜，在郁闭的林内培养蘑菇等。植物品种的选择一般以慢生与速生、深根与浅根、喜光与耐阴、有根瘤与无根瘤的树种和作物搭配为佳。

（三）林下经济的主要模式

林下经济主要包括以下几种典型类型：林药模式、林菌模式、林草模式、林禽模式、林菜模式、林畜模式、林粮模式、林虫（蜂）模式、林花模式、林茶模式、林渔模式等。这些模式均是通过利用林下空间或时间交错来发展适宜的短周期种植或养殖业，长短结合，以持续获得生态与经济效益。各种林下经济模式主要通过不同时段内林下水、热、光、气等空间资源的利用，来实现乔木主体与林下经济植物或动物协调共存和发育。

林菌模式即利用林荫下空气湿度大、氧气充足、光照强度低、昼夜温差小的特点，以林地废弃枝条为营养来源，在郁闭的林下种植食用菌，如平菇、木耳、香菇、草菇等。

在未郁闭的林内行间种植较耐阴的药用植物便形成林药模式。一般根据当地技术条件和市场需求，在林间空地上间种各种药材。

林禽模式是充分利用林下空间与林下透光性强、空气流通性好、湿度较低的环境，在林下饲养肉鸭、鹅、肉鸡、乌鸡、柴鸡等，放养、圈养和棚养相结合，能有效利用林下昆虫、小动物及杂草资源。

林畜模式是在生长4年以上、造林密度小、林下活动空间大的林地上，放养或圈养肉牛、奶牛、羊、肉兔或野兔等。林下青草对牛、羊等具有良好的营养价值，养殖牲畜所产生的粪便为树木提供大量的有机肥料，促进树木增长，形成循环生物产业链。

以上若干个模式的综合，如林草牧模式，利用林下种植的牧草，作为奶牛、羊、鹅等草食性动物饲料；如林菌草渔综合模式，利用修剪的林木枝条粉碎作为种植食用菌的袋料，利用食用菌生产的袋料废弃物作为林下牧草或林木生长营养，也可作为水产的饲料来源。

三、竹类资源的开发利用

竹子分布于北纬46°至南纬47°之间的热带、亚热带和暖温带地区，被称为"世界第二大森林"。以竹子资源开发利用的竹产业是世界公认的绿色低碳产业，广泛用于建筑、交通、家具、造纸、工艺品制造等诸多领域。竹产业每年为全世界22亿人口提供经济收入、食物和住房，全球竹产品的年贸易额超过85亿美元。

在当今关注全球气候变化、木材短缺和低碳经济的背景下，竹子日益彰显其资源价值。中国以竹子资源开发利用领先于世界。

（一）竹类资源的特点

竹类资源与人类生产、生活的关系极为密切，竹材加工比较容易。竹笋味道鲜美、含有多种氨基酸，是优良的食品，自古列为山珍之一。众多的竹副产品，也都具有较高的利用价值，应用越来越广泛。竹子具有以下特点：

1. 生长周期短

竹子造林后，5～10 年就可以采伐利用。一株直径 10cm、高 20m 的毛竹，从出笋到成竹仅需 2 个月，生长最快时 24h 可长高 1.5m。毛竹 4～6 年的材质生长就可以利用，如作为造纸原料当年就可以利用。

2. 产量高

生长较好的竹林，每公顷年可生产竹材 20～30t，大大超过一般速生树种的年生长量，超过杉木 1 倍，与速生杨树相当。

3. 竹材质量好

竹材强度高、刚性好、硬度大。据测定，毛竹的顺纹抗拉强度为杉木的 1.5 倍，收缩量小，弹性和韧性均较好。

（二）竹类资源的开发利用

竹产业是指以竹资源培育为基础、以竹为主要原材料的产品加工和相关服务产业，主要包括：

第一产业，指以竹林资源为劳动对象，以经营笋竹林、用材竹林为主要途径，从事竹材培育、采伐、集运和储存作业，向社会提供竹材以满足生产和生活需要的营林产业；以笋竹食品采集为主要内容的竹林副产品生产。

第二产业，指以竹材为原料，生产各种竹材产品（板材及其他制品）的竹材加工和竹制品业、竹家具及工艺品制造业、竹浆造纸及纸制品业、竹化学产品制造业、笋竹食品加工业。

第三产业，指竹生态服务业、竹文化、旅游服务业和其他竹服务业。

竹产业作为林业产业的重要组成部分，贯穿林业产业的一、二、三产业。竹产业与花卉业、森林旅游业、森林食品业一起，成为中国林业发展中的四大朝阳产业。中国已经成为世界最大的竹产品加工、销售和出口基地，其中原竹利用（竹编制品）、竹材加工、竹笋、竹炭、竹纤维等对竹子的开发利用闻名于世界。

四、森林景观利用

（一）森林景观

中国是一个多山的国家，森林主要分布在山区。在森林里，有各种珍奇的动植物资源，包括高等植物、树木、动物等，如银杉、大熊猫、金丝猴、扬子鳄等许多动植物，都是具有极高观赏价值和科学价值的物种资源。林区有各种奇山、怪石、奇花、异草和奇特洞穴，有溪、河、湖泊、瀑布、泉水、池塘、漂流河段、风景河段等水域景观资源，有变幻无穷的气象景观、舒适宜人的气候等。所有这些，都是重要的自然旅游资源。

景观是指景物动静结合的画面，如大自然的山水、树木、光彩、云霞、雨雪以及点缀在自然环境中的建筑、人群、飞禽走兽、花草鱼虫等构成的一幅幅动静变化的空间画面，给人以视觉、听觉、嗅觉、味觉上美的享受。

（二）森林旅游的概念

森林旅游是指在林区内依托森林风景资源发生的以旅游为主要目的的多种形式的野游活动。狭义上的森林旅游是指人们在业余时间，以森林为背景所进行的野营、野餐、登山、赏雪等各种游憩活动；广义上的森林旅游是指在森林中进行的各种形式的野外游憩。

（三）森林旅游产品的类型

森林旅游产品的分类是由森林旅游者的旅游动机决定的。旅游者由于年龄、性别、文化、职业、习惯等差异，必然会有各种各样的爱好和兴趣。有的为了健身，有的为了度假休息，有的为了增长科学知识，有的为了领略民俗风情，等等。

森林旅游产品可从不同角度进行分类。

1. 按游客的组成形式分类

有团体旅游和散客旅游。

2. 按旅游的动机及方式分类

a. 保健旅游：包括度假休息、疗养、森林浴等；

b. 体育（健身）旅游：包括登山、滑雪、狩猎、水上运动、冰上运动等；

c. 科普旅游：包括科学考察、探险猎奇、专业实习（含采集标本）、夏令营等；

d. 民俗旅游：包括探亲访友、民俗风情（歌舞、建筑、饮食、服饰）等；

e. 风光旅游：包括游览自然风光、历史名胜、革命遗址等；

f. 特殊爱好、特殊方式旅游：包括狩猎、骑马、钓鱼、观赏动物及乘坐游船、游艇、热气球等。

3. 按森林旅游产品销售方式分类

有全包价旅游、部分包价旅游及单项包价旅游（如坐车、食宿等）服务。

4. 按森林旅游的档次分类

有高档（豪华型）旅游、中档（标准型）旅游及低档（经济型）旅游。

5.按进入森林旅游目的地路途的远近及所花费时间分类

有远距离游（多日游）、中距离游（二三日游）、近距离游（一日游）。

6.按森林旅游产品的形态分类

有森林旅游资源、森林旅游设施、旅游服务和旅游购物等。

如果把上述六种分类方法结合起来，可组合成多维结构的森林旅游产品。

（四）我国森林旅游产品需求的特点

游客因教育程度、个人偏好等差异而对森林旅游产品的需求不同。但我国游客在森林旅游动机、产品需求、行为特征等方面也具备一些共性。

1.旅游动机

进行森林旅游最常见的动机是欣赏自然景观、养生健身、游乐休闲等，通常体现为以亲朋小团队家庭为单位的集体出游。

2.产品需求

森林旅游最具吸引力的资源是森林植被、山石地貌、人文景观，其次是野生动物、水体景观等；而最受旅游者喜欢的产品是徒步登山、野营烧烤、漂流攀岩、休闲度假等参与性强的项目。

3.消费行为特征

游客消费行为从传统的自然观光转变到休闲度假，从一般娱乐项目转变到新奇旅游项目，受旅游景区的引导和管理的影响较大。

4.人均消费

由于我国森林旅游业的产品结构大多还是以观光产品为主，旅游商品消费量不多，旅游购物消费占旅游总消费的比例还不到20%，在旅游业较为发达的一些省份，旅游购物消费所占比例也只达到30%；而旅游业发达国家的购物消费已占到旅游总消费的40%～60%。

另外，不同年龄的森林旅游者的消费特点不同，如青少年偏爱结合科普、学习、交流、探险、运动等项目，中老年人则主要是以康体养生、度假为核心。

今后，我国森林旅游开发的策略包括几个方面：森林旅游文化开发、旅游地形象建设和产品开发、旅游景观的生态调控、生态旅游认证以及旅游专业人才的培养等。

第六章
现代林业技术创新与推广

第一节　现代林业技术创新

所谓技术创新就是在一项系统工程下，将整个发展过程融入新的技术、新的产品开发，从而转为现代生产力，并能够在市场经济环境下得以有效实现。依据这样的理论改变，从而可以得出林业技术创新的概念，林业技术创新则是将与林业有关的科技成果，通过一定的形式将其商品化，从而转变为更大的社会经济效益。不仅是实现其社会公益性，还能对整个生态环境建设给予很好的保护，推动其可持续发展。

创新是国家发展的不竭动力，而科技创新在社会经济发展方面，起到了重要作用。在当前，各类先进科学技术的不断进步，为国民经济增长提供了重要的技术支持。林业发展也不例外。现代林业更好地发展，必须依靠科技创新，为整个林业发展构建一个良好的建设环境。

一、林业技术创新在现代林业发展中的重要性

（一）优化产业结构，提升经济效益

我国林业若想取得长期性的发展，就必须进行林业技术的创新，林业技术的创新能够将林业产品的质量提高，将传统林业产品的品种缺陷改变，对林业的技术进行创新，能够将高效的新品种培育出来，使得林业的产品种类得到丰富，从而为现代化林业的发展提供一个新的经济增长点，最终将实现林业产品的最大化经济效益。当前我国许多林业产品，依然是沿用传统林业种植方式，这使得林业产品的生长繁衍期过长、产品抗病虫害能力较低、产品质量较差，影响了林业产品的经济效益。基于这种现状，现代林业必须研发新产品，对旧产品及时更新，提高产品的质量。林业所研发的新产品，能够有效地提高林业产品的产出效率，还能改良林业环境，对于提高经济效益和生态效益，具有重要意义。

（二）促进持续发展

现代化的集约型管理模式代替了原有的粗放式管理模式之后，人们在数字化信息技术的帮助下，能够实时对作物生长的实际情况进行监测，并在监测结果的辅助下能够适当地对作物生长所需要的各种条件进行调节。通过林业技术创新，可以实现管理模式由粗放型向集约型的转变，提升林业管理效果。利用先进的数字化、自动化和智能化技术，能够对林业生产中的温度、水分、光照等进行在线监测，为林木的生长创造出一个良好的环境。同时，通过数控化管理，结合生态系统恢复技术、荒漠化防治技术、森林灾害防控技术等，能够将林业的发展与生态环境保护等结合在一起，实现经济与环境的和谐统一。

（三）调整林业产业从业人员结构，解决林业区就业问题

我国传统的林业产业从业人员，在从事林业工作时，承担的工作量较大，而且工作可控度较低。若想在现代化的林业之中大力推广和实施创新林业技术，就要求林业企业所选择的从业人员必须具备丰富的实践理论基础，不但懂得作物生长习性，还能够应用现代化的计算机技术。只有在优化从业人员结构的情况下，才能够将林业技术应用的普及率提升，从而使林业现代化的发展得到促进，确保我国的林业产业化结构不断得到优化。创新林业技术，降低从业人员的工作强度，提高林业产业工作人员的效率。同时，通过先进科技的融入，也有利于林业产业培养一批具备丰富理论知识和实践经验的林业人才，进而促进林业整体从业人员的素养，也有利于推动我国林业的发展。

二、我国林业技术创新的有效策略

（一）加强林业生态技术创新

林业生态技术创新和林业产业技术创新有着明显区别。现代化林业生态环境的建设更倾向的是社会效益和生态效益的取得，因而具有社会性和公益性的特点，如特种用途林的建设、防护林的建设等建设项目均属于其发展的范畴。正是因为林业生态环境的建设同林业产业化建设之间是相辅相成、密不可分的，因而在强调对林业产业经济效益取得的同时，还需要加强对林业生态建设环境的重视程度。林业生态技术的运行机制较为特殊，林业生态工程建设系统更加注重生态性、公益性等特质，其整体发展的效果能够使整个社会全体人员获益。因此，林业生态技术创新，不仅是林业发展面临的重要问题，也是整个社会应解决的问题，更是各级政府必须承担的责任。

（二）拓宽资金渠道

资金的支持是保障林业技术创新有效进行的前提和基础，其重要性不言而喻。因此，在林业技术创新中，应拓宽资金的来源渠道，以政府财政资金的投入为基础，强化林业部门自身投入，辅以银行贷款、企业融资等多种筹资方式，确保林业技术创新的有效进行，减弱资金不足对于林业技术创新的影响。同时，针对林业技术创新产业，政府相关部门应

该重视起来，做好引导工作，制定相应的优惠政策，如税收减免政策、科研成果奖励政策等，调动各部门参与林业技术创新的积极性和主动性。

（三）加强林业人才队伍建设，提高林业技术创新的积极性

林业真正地落实技术创新，对林业从业人员的素养提出了新的要求。因此，林业企业要注重加强林业人才队伍建设，注重培养具有丰富理论知识和实践经验的从业人员，积极开展技术创新活动。为了实现现代化林业发展的目标，就需要不断加强科技推广队伍的建设力度，从而积极促进我国林业创新技术的可持续性提高。作者认为需要将现有的林业从业者划分成三部分，分别是高级林业管理者、普通林业维护员以及专业林业技术员。随后需要根据从事林业工作内容的不同，有针对性地提高从业人员的养护技能、栽培技能、设备维护技能、技术操作水平、现场调度和管理能力等。在林业发展的过程中，必须强化林业产业教育的战略地位，提升教育质量，优化教育结构，推动林业技术的不断创新。林业产业在选择管理人员时，要注重选择受过高等教育、具有较高林业技能的人才，组成林业管理人才队伍，为整个林业科技创新的开展提供必要的条件。

在当前的时代背景下，林业技术创新工作直接关系着现代林业的发展，其重要性不容忽视。各级林业主管部门应强化认识，重视林业技术创新水平的提高，拓宽创新资金的来源渠道，培养专业技术人才，整合技术创新资源，提高成果转化率，实现现代林业的持续健康发展。

第二节　现代林业技术推广

一、林业技术推广的意义

科学技术是生产力，这是现代社会与经济发展的理论总结。将新的林业科学技术、新技能、新信息、新的生产及生活方式传授给广大林业生产者，以改进林业生产手段，提高林业生产者的素质，发展林业经济，改善广大林区的日常生产生活状况，这正是林业技术推广的目标。要实现这个目标，广大林业工作者必须充分认识林业技术推广在林业建设中的重要意义，掌握林业技术推广的基本技能。这里主要论述林业站在林业技术推广中的重要地位和作用。

（一）林业站在林业技术推广中的地位

1. 林业站技术推广人员是基础林业建设的一支重要力量

林业科学技术成果的转化要靠推广人员的工作去实现，而林业站是林业最基层单位，直接与林业生产者或林农打交道，因此，林业站技术推广人员是基层林业科技成果转化的

介导者、传播者、实施者。从林业技术推广学的理论和方法的角度看，更要靠林业站林业技术推广人员不断研究、创新和实践，这就决定了林业技术推广人员在林业事业中的重要地位。另外，林业技术推广人员的重要地位是与林业技术推广工作本身在林业事业中的地位分不开的。世界林业发展史告诉我们，林业科研、林业教育和林业技术推广是林业赖以发展的三大支柱。林业科研的主要任务是科技创新，林业教育的任务是知识传播，林业技术推广的主要任务是成果转化。三者紧密结合，互相促进，配合应用，促进林业事业的发展。林业科研和林业教育的结果有赖于林业研究的发展和林业教育的更新，林业研究有赖于林业技术推广应用和林业教育的发展，林业教育有赖于林业科学研究的发展和林业技术推广的普及，三者只是分工不同，处于同等重要的位置，缺一不可。而林业站林业技术推广人员与其他林业研究、林业教育人员一样，都肩负着发展我国林业事业的历史作用，其重要地位是不容忽视的。

2. 林业站技术推广人员是基层林业生产者与社会交往的桥梁

林业站林业技术推广人员的地位突出体现在他们是连接基层林业生产者或林农与社会之间的一座桥梁。为了推广新技术，实施科技成果转化，林业站林业技术推广人员就必须和林业生产者以及社会进行广泛的联系，例如，基层林业生产者为了做好林业生产就得掌握必要的信息、技术、设备和物资等，具体来说，要与当地科研部门联系以获得新技术、新品种方面的信息，和物资供应部门联系以获得新材料、新设备以及化肥、农药等林业生产资料，和销售部门、外贸部门联系以开拓林产品销售市场等。这一系列活动往往需要林业技术推广人员的帮助。因为林业技术推广人员是新科技成果的载体，是林业信息的传播者，是林业生产发展的促进者。一方面他们直接与基层林业生产者接触，了解林业生产者的需要；另一方面也了解社会相关组织的性质和服务能力。技术推广工作的性质又使他们栖身于这些社会服务组织与林业生产者之间，既要把这些社会服务组织的情况介绍给基层林业生产者，又要把林业生产者的需求以及经济承受能力反馈给社会服务组织，从而沟通两者之间的关系和交流，架起基层林业生产者与社会之间的桥梁。

（二）林业站技术推广人员在林业技术推广中的作用

1. 在林业科技成果传播中的桥梁作用

桥梁作用亦称纽带作用或媒介作用，是指科技成果通过林业推广人员的工作传播到基层林业生产者中去变成现实生产力的作用。我们知道林业科技成果本身应包括科研和推广两个重要组成部分。科研是林业科技进步的先导，无疑是很重要的，科研对林业发展的作用不是发生在新成果的创造之日，而是表现在新成果应用于生产带来巨大的经济效益和社会效益之时。一项新林业科研成果的价值大小，只有推广到实践中加以应用，才能得到正确的结论。如果没有林业推广人员作为桥梁来推广，再好的成果也只能停留在书本上、论文中，停留在展品、样品阶段，不能把潜在的生产力转化为现实生产力。而且随着时间的流逝，科研成果还会不断失去使用价值，造成浪费。当今社会，林业科研日益现代化，研究周期不断缩短，新成果不断涌现，所以必须充分发挥林业技术推广员这种桥梁作用，使林业科研成果尽快转移到林业生产者手中，变为现实生产力。这种转化的速度越快，质量越高，生产力发展就越快。因此，林业站技术推广人员在科技成果转化中的桥梁作用表现为开拓科研成果应用市场和帮助林业生产者获得先进技术双重任务，是这种桥梁作用的重点所在。

2. 在林业科技成果转化中的促进作用

林业站技术推广人员在林业科技成果转化中的促进作用，是指林业技术推广人员在推广科技成果过程中，应用林业推广的理论、原理、方法和技巧，把实用技术迅速传播给基层林业生产者或林农，按照林业生产者接受新技术过程的心理活动规律和行为习惯，激发其兴趣，帮助评价和认识，指导实验成果，最后使其自觉利用新成果的作用。这种作用实质是促进生产者早日应用科技新成果，加速科技成果转化。

3. 在林业科技成果应用中的创造作用

林业站技术推广人员在推广林业科技成果中的创造作用，是指推广人员为了推广林业科技成果，在推广过程中不是简单地复制，而是通过在本区域内再试验、示范、培训以及对技术成果的改造、组装和配套，使林业科技成果得以实施的作用。

4. 在提高基层林业生产者素质中的教育作用

林业站技术推广人员在提高基层林业生产者素质中的教育作用，是指林业推广人员在推广林业科技成果过程中通过多种形式和方法，高计划、高步骤地向基层林业生产者进行新知识、新技术、新经验、新的经营管理方法的宣传教育，以达到提高基层林业生产者科学文化素质、经营管理能力和产品推销能力，更新观念，改变其态度和行为，推动林业生产不断发展的作用。

5. 在乡镇政府制订林业发展计划中的参谋作用

林业站技术推广人员在制定林业方针、政策和发展计划中的参谋作用，是指林业技术推广人员根据自己既熟悉林业生产者的现状与需求，又熟悉新成果、新技术以及相关政策的优势，为乡镇政府制订本区域林业发展计划提出建议、意见的作用。林业技术推广的根本目的是发展林业生产力，提高林业劳动生产率。林业推广人员通过各种传授、沟通、示范、培训、教育等活动与方法，向林业生产者提供生产、经营和生活等方面的综合指导服务与信息，提高他们的基本素质和技能，改变他们的行为，提高广大林区的社会经济发展水平，最终改善他们的生产和生活环境，提高林业生产者的生活质量，加快林业现代化的建设。

二、林业技术推广的方式与方法

要发展林业，就必须将林业技术普及给林业工作人员，在这个过程中，推广方式的选择尤为重要。目前常用的林业技术推广方式主要有大众传播法、集体指导法和个别指导法，但总的来说这些方法都属于通过教育、教学的方式达到技术推广的目的。

（一）林业技术推广教育

1. 林业技术推广教育的内涵

从广义上讲，林业技术推广教育包括对林业生产者（林农）和林业技术推广人员两方面所进行的有关技术推广内容的培训和教育。但在实际工作中，林业技术推广教育还主要是对林业生产者的教育，它是以林业生产者为对象，以开发林业经济、全面满足林业生产者的素质提高为内容，以发展林业生产、改进林业生产技术、繁荣林业经济、改善林区生活为目标，所进行的林业生产技术、经营管理方法以及日常生活知识的传授活动。林业技术推广教育是整个林业教育及社会教育的组成部分。

林业技术推广教育的历史就是林业推广的历史，林业技术推广教育的内涵在不断地充实和丰富，时至今日，林业技术推广教育的内涵包括以下几个方面：①林业技术推广教育是对林业生产者的一种非职业的业余教育。它不是上岗培训，它是林业生产者从事林业生产的过程中不断获取新知识、新技能的一种方式。②林业技术推广教育是一种宣传活动。通过推广工作向广大林业生产者宣传党和国家以及各级政府有关林业的方针、政策，介绍各地先进的生产经验。③林业技术推广教育是一种咨询活动。在林业技术推广过程中，林业生产者可以针对自己在生产和经营过程中遇到的问题进行咨询，以获得解决问题的建议或方案。④林业技术推广教育是一个综合服务过程。林业技术推广教育可向林业生产者提供人、财、物、供、产、销各方面的信息及物质服务。⑤林业技术推广教育是一项开发活动。通过技术推广教育可以向林业生产者传授各种新思想、新观念、新知识、新技术、新方法，以充分开发林业生产者的智力资源，进而达到开发其他资源的目的。

2. 林业技术推广教育的目的和作用

（1）林业技术推广教育的目的

林业推广教育的目的在于通过宣传、咨询、技术培训、试验示范等方法，使林业生产者（林农）理解、接受并且自觉采用新技术，以提高他们的科学技术和经营管理水平，改变他们的行为，从而能合理开发利用自然资源，保护生态环境，发展林业生产，提高经济效益，不断改善林业生产者的生产和生活状况。

现代的林业技术推广教育包含两个方面的内容：一是具体形态的物化技术的推广教育，如优良苗木、新的机具、新的农药、新的化肥等生产资料的供应。二是非物质形态的科学技术知识的推广教育，如新的造林方法，新的种植方式、使用方法、管理技术等的传授。新的物化技术的推广教育可以很快取得效益，但是非物质形态的科学技术知识推广的作用会更持久、效益更大。教育工作的精髓就在于给受教育者"授之以渔"。通过对林业生产者进行先进的科学技术知识和科学的经营管理知识的传授，可以充分发挥他们的自觉性，去认识和解决生产、生活中的实际问题；可以培养和激发他们的进取精神和创造精神，不断提高其工作效率。总之，非物质形态科学技术知识的教育推广，可以创造出巨大的林业生产力，带来更大的经济效益和社会效益。

（2）林业推广教育的作用

林业推广教育的作用，主要表现在以下几个方面：宣传、贯彻执行党的方针、政策，特别是当前进一步深化林业经济体制改革，保护森林资源和生态环境，实现林业和人类社会可持续发展的基本政策。促进新的林业生产技术、新成果、新品种的传播、扩散、转化和开发，促进林业科学技术成果尽快转化为现实的林业生产力。引导、教育林业生产者热爱林业，献身林业，为林业现代化建设服务，为生态文明建设服务。改变传统的、落后的生产、生活方式，创造积极向上的新生活。为林业教学、科研单位及时反馈科技、生产信息，以帮助他们选择新的研究方向。

3. 林业技术推广教育的特点

林业技术推广教育是一种非正规的校外教育，和普通的学校教育相比较，具有下列基本特点：

（1）普及性

林业技术推广教育是一项面向林业生产，面向广大林区、农区林业单位、林农的社会教育。对象涉及成年林农、基层干部、农村妇女和青少年。文化程度参差不齐，工作面广、工作量大。

（2）实用性

林业技术推广教育的主要对象是成年林农，他们是林业科技成果的直接接受者和应用者。他们学习的目的不是为了储备知识，而是为了解决生产生活中遇到的实际问题，完全是为了应用。因此，林业技术推广教育必须适应农村经济结构变化和林业生产、林农生活的实际需要，理论联系实际，做到学以致用。

（3）实践性

林业技术推广教育是一项实践性很强的工作。它是根据林业生产的实际需要，按照试验、示范、技术培训和技术指导、服务这一程序实施的。在这一过程中，不仅要向林农传授新知识、新技能和新技术，帮助林农解除采用新技术的疑虑（知识的改变—态度的改变—个人行为的改变—群体行为的改变），转变他们的态度和行为，还要同他们一起进行实验，向他们提供产前、产中、产后等服务。这种教育方式具体、生动、活泼、实用，林农易于接受。

（4）时效性

时效性包含两层含义：①现代科技日新月异，新技术更新周期短，一项新成果如不及时推广应用，就会降低推广价值；②林农对科学技术的需要往往是"近水解渴"，要求立竿见影。因而，林业推广人员应该不失时机地帮助林农获得急需的技术，必须善于利用各种有效的教学方法，把先进的科技成果尽快地传递给林农，以提高科技成果的扩散与转化效率。

（5）多样性

多样性包括林业推广教育场所、形式、手段的多样性。林业推广教育场所的多样性是指可以选择田间地头、路边、集市以及其他林业生产者较集中的地方，如会场、戏场、电影场、饭堂、办公室、俱乐部等；形式的多样性是指可以采用宣传、讲授、咨询、示范、培训、报告、讨论等多种形式；手段的多样性是指可以采用印刷材料、录像、幻灯、实物展览陈列等各种手段。

（6）综合性

林业生产过程是自然再生产过程与经济再生产过程紧密结合在一起的物质生产过程，是"自然环境—生物—人类社会"交织在一起的复杂系统。为了提高林业生产力，需要吸收许多学科的科学技术成果，所以林业推广教育就具有综合性的特点。林业推广教育涉及很多学科和领域，需要多学科、多专业密切配合，例如，为了推广一个优良新树种，除了引种工作以外，还需要把苗木的培育、土肥、耕作、灌溉、造林、保护、病虫害防治、经营管理等各项内容综合应用于生产，发挥系统的整体功能，才能达到高产、优质、低耗的最佳效果。多年来，我国在推广良种或先进栽培技术中，总结出一条经验，就是"良种、良法、良田、良制一齐抓"，这就具体体现了林业推广教育综合性的特点。

4. 林业推广教育的教学原则

（1）理论联系实际的原则

理论联系实际的原则即教学内容的实际、实用、实效原则。林农学习和掌握科技知识的最终目的是为了解决林业生产、生活中遇到的实际问题。因此，林业推广教育要针对林业生产实际中存在的现实问题，进行广泛的调查研究，了解林农目前的迫切需要，掌握他们需要哪些方面的新技术、新知识、新信息，有针对性地确定林业推广教育的内容。同时把推广教育内容与林业生产、林农生活紧密结合起来，使推广内容更具实用性和时效性。

（2）直观原则

林业推广教育的对象是林农，他们最现实，不但要亲眼看到、亲手摸到，还渴望了解成果取得的过程。这就要求在林业推广教育过程中要为林农提供具体的知识和充分的感知，把经验、知识与具体实践结合起来，运用如下三个直观：①实物直观（如观察实物标本、现场参观、实习操作等）；②模像直观（如模型、图片、幻灯片、电影、电视录像等）；③语言直观（如表演、比喻、模仿、拟人等对客观事物具体、生动、形象的描述）。即把"看""讲""做"有机结合起来，使抽象的理论具体化、直观化，这样，对林农才具有强劲的吸引力和说服力，才能获得良好的教育效果。

（3）启发性原则

在林业推广过程中，推广人员要善于启发林农，调动林农的自觉性、主动性和创造性；要让林农多发表意见，提出自己的见解。培养林农对所学的内容正确与否的判断能力，并通过对话、交流看法等方式创造一个和谐、融洽的气氛，要与林农互教互学。

（4）因人施教原则

根据林农的年龄层次、个性差异和文化程度等不同的特点，有的放矢地进行教育，原则如下：

对热情不高、较保守求稳的林农——要耐心示范，用事实说话。

对文化程度低、经济条件差的林农——要在力所能及的情况下，解决他们的困难，坚定他们学习的信心。

对实践经验丰富、有一定文化程度、经营能力较强的林农——要引导他们对林业科技理论知识的学习，促进知识更新，提高文化素质。

5. 林业推广教育的对象和内容

（1）林业推广教育的对象

林业推广教育的对象是广大的林业生产者（林农），他们不同于普通学校的学生，他们的年龄、文化水平、学习态度、学习接受能力以及兴趣、爱好、需要、心理状况、业余时间的支配等都有很大的差异。要使他们理解和接受并采用推广项目，自觉改变其行为，就必须深入了解林业生产者学习的特点、影响他们学习的因素，以便选择合适的推广教育内容和方式方法。林业生产者是一个比较复杂的群体，个体差异很大，林业推广人员只有深入了解他们学习的特点，才能有针对性地实施推广教育工作，才能收到较好的教学效果。林业生产者学习的特点如下：

①学习目的明确

林业生产者学习的动力来源于学习的目的，学习的目的越是明确和具体，推动学习的动力就越强烈，学习的积极性就越高，学习的效果也就越好。学习的目的一般来说都是为了自身生存和发展的需要，这种需要有生理和心理上的满足、经济上的富裕和社会地位的改善与提高等多个方面。面对林业推广的各项新的技术、措施和信息，当林业生产者明确认识到掌握了这些技术和信息，可以改变现状，可以满足其某个方面的需要，就会形成一股强大的力量，努力去克服各种困难，排除各种障碍，积极主动地投入推广学习中去。但是，当他们怀疑推广新技术和信息的可靠性，或者认为某项推广技术对自己不一定有用时，他们对所进行的推广教育会不感兴趣，甚至不愿参与。推广人员要及时发现和研究这种情况，并据以采用有效的教学方法以提高林业生产者的认识或者改变自己的教学内容，必要时还得改变推广项目。切忌在他们学习目的并不明确的条件下勉强进行推广教育，"教"和"学"两张皮，结果事与愿违，没有取得应有的教学效果。因此，林业生产者学习目的明确、具体，这是他们学习的一个重要特点。

②认识和理解能力较强

人的认识来源于实践，实践经验丰富的人认识和理解的能力也强。林业生产者在广泛的生产、生活及社会实践中，积累了相当丰富的实践经验，根据多年积累的经验和教训形成了一些较有规律性的认识，这就使他们对推广的科学知识和技术措施有着较强的认识和理解能力。推广人员在进行推广教学时，应当善于利用林业生产者的有关经验，在分析、讨论经验的基础上引申出科学的结论，进而引导他们掌握和运用新的林业科学技术和方法。和青少年学生相比较，具有比较丰富的实践经验是林业生产者在学习科学技术条件上的优势，推广人员必须善于利用和发挥他们的这种优势。

③精力分散，记忆力较差

广大林业生产者既是生产劳动者，也是家务负担者，同时还有许多社会交往活动，每天要做许多事情，所以精力分散，难以安下心来专心致志地进行学习，虽然他们有较强的观察认识和理解问题的能力，但随着年龄的增长，记忆力日渐衰退，加上各种繁杂事务的干扰，学过的东西容易忘记，这是进行推广教育的两大障碍。为了克服这两种障碍，可采用如下措施：第一，把推广教学和生产活动结合起来，现场教学，用什么就教什么，边学习边实践，容易掌握；第二，利用生产的闲暇，进行短期集中教学，以减少外来的干扰，提高教学效果。

④负担重，学习时间少

与青少年学生相比较，林业生产者肩负着工作和生活的双重负担，用于学习的时间较少，在安排林业推广教育时，要精心设计，解决好工作与学习的矛盾。一是要从内容安排上与工作内容结合起来，在工作中学习新技术、新知识；二是将各种小册子、传单等发放到他们手中，让他们在生活之余利用空闲学习，或通过各种传播媒体如电视、广播等开办专题节目，进行教学等。

⑤学习内容要求简明、实用

由于广大林业生产者整体文化水平不高、负担重、学习时间少，因此，他们对推广教学的内容要求简明、实用。这就要求推广人员选择的教学内容能够针对林业生产的具体生产技术或经营管理方面的问题；讲授的方法要从实际出发，多讲方法技术的具体运用，少讲空洞的道理；每次讲授选择的问题不能太多，占用的时间不能太长，每次能解决一两个问题即可；讲授材料要通俗易懂，易于操作、指导。

⑥林业生产者经常相互学习

林业生产者在生产过程中，对于别人首先采用的技术或取得的成果，其他人便很快接受并采纳，这比起推广人员的任何动员、说教都有作用，这就是他们在生产中相互学习的特点。他们的经营条件、业务类型大体一致，并且有相同的目的和较多的共同语言，这为他们在生产中相互切磋经验、互相学习提供了条件。根据这个特点，推广人员在推广教学中，要重视发现和培养技术能手，培养和建立林业科技示范单位、示范户，依靠他们的技术辐射作用进行技术传播，为他们的相互学习创造条件。

（2）影响林业生产者学习的因素

①年龄

在人的一生中，各方面的能力随着年龄的变化而呈现规律性变化。属于抽象思维和判断方面的能力，会随着年龄的增长而不断增强；而属于形象思维方面，如视力、听力、记忆力、操作、观察能力、体力等，一般到青少年时期达到顶峰，以后随着年龄的增长而衰退。林业推广教育的对象年龄结构复杂，大多数是成年人，因此，林业推广人员就要充分考虑他们学习的特点，在推广教育方法、教育内容的选择上要有针对性，对不同的群体、不同的内容，要选择合适的方法进行传授。

②文化程度

一般来说，文化程度越高，对新技术的接受、采用的能力也就越强；文化程度越低，则这种接受、采用的能力就越弱。文化程度对学习能力的影响与年龄之间也有关系，初中文化水平以下的，其智力在不同的年龄段没有太大差异，而高中文化程度以上的，在不同的年龄段，智力有明显差异。林业推广教育也必须充分认识上述特点。

③心理因素

我国的林区多处于偏远地区，这些地区交通不便、信息闭塞、经济基础薄弱。虽然我国幅员辽阔，各地经济发展不平衡，有些林区地处经济发达区域，林业经济较为发达，但比起其他行业，还是显得贫穷与落后。林区经济的落后与林业生产者心理的一些障碍因素互为因果，也成为林业推广教育的限制因素：a. 信息闭塞与安于现状。林区一般远离社会、交通不便、信息不畅，受传统思想的影响，人们对改善生活现状的愿望不强烈；对现实的信息不敏感，对新的技术常持怀疑态度，更不会积极学习采纳。b. 自给自足与因循守旧。森林是一个多功能的生态系统，我们的祖先依靠森林提供的衣、食、住、行条件而世代繁衍生息，自给自足的生活方式和因循守旧的思想根深蒂固，对一些先进的改变传统的东西很难接受。c. 经济基础薄弱与缺乏风险意识。长期的经济落后使得林业经济的基础薄弱，抵御各种灾害的能力很差，这样使得林业生产者缺乏风险意识，遇到新的生产技术和发展机遇时瞻前顾后，错失良机，受到错误的误导时也可能一哄而上，遭受损失。

对于林业推广人员，在实施林业推广教育的过程中，要认真分析林业生产者的心理，消除障碍，使得适时适地的林业推广项目受到林业生产者的欢迎，并被他们接受。

④时间因素

林业生产有很强的季节性，因此林业推广教育和林业生产就产生了时间上的矛盾。例如，一项好的造林技术的推广教育最好的时间是在造林季节（冬季或春季），而这时林业生产者又有很重的生产任务，少有闲暇。要解决好这一矛盾，就要求推广人员深入生产第一线，理论与实践相结合展开林业新技术的传播教育。

（二）林业推广教育的内容

林业推广教育的内容具有广泛性、地域性、实用性的特点，它会随着科学技术的进步和林业生产的发展而不断变化。总而言之，凡是有利于发展林业生产、改善生态环境、提高林区生活水平的各种知识、技术、经验、方法等，都是林业推广教育的内容。

林业生产一个最大的特点是林业生产的地域性，不同地区种植的树种、林业生产的项目、技术方法等都有很大区别；不同地区的社会经济发展水平，人们的生产、生活习惯与水平存在差异，这些都决定了林业推广教育内容的地域性差异。

我们正处在一个社会经济高速发展的时期，知识的更新在不断加快，科学技术知识将在社会经济增长的贡献份额中占主要地位。当前的林业推广教育的内容还必须具备一定的先进性和广泛性，既包括生产、管理技术，又包括物资和资金供应、运输、加工、销售等方面的内容；既分析解决当前生产管理中的问题，又要总结过去，展示预测将来，进行全方位的教育。当前林业推广教育的内容可以归纳为以下几个方面：

1. 林业生产技术

林业生产具体包括了营林生产和森林工业及木材加工生产两个方面。采种、育苗、整地、造林、抚育、管护等属于营林生产范畴，木林采伐、运输、加工利用等属于森工及加工利用范畴。综合以上两个方面，林业生产方面教育的内容应当包括：种子采集与处理、良种繁育、育苗造林、森林病虫害防治、森林防火、森林经营、天然及人工林更新、采伐、运输、加工利用等。对经济林，还包括产品的收获采集、保鲜储藏、加工包装及运销等技术措施。

2. 森林生态环境的保护和利用知识

森林是人类生存的屏障，是人类社会不断发展、进步的基础和保障。森林的作用除了林业生产提供经济效益以外，更重要的作用是它的生态效益和社会效益。保护森林生态环境，充分利用森林的多种效益为人类服务是林业推广教育的又一重要内容。具体应当包括：森林资源的调查，野生动植物资源的开发利用和评价，生态环境保护与改善，环境保护建设有关法规，森林公园及森林游憩设施建设、管理、利用方面的知识等。

3. 农牧业生产、管理技术

林区农牧业生产是林业生产的重要补充，农牧业生产技术与管理知识也是林业推广教育的内容。具体包括：以粮、棉、油、菜等种植业为主的种子技术、栽培技术、土壤耕作管理技术、施肥灌溉技术、植物保护技术、收获及储藏和加工技术等，适宜林区发展的家畜、家禽、野生动物等的繁殖技术、饲养技术、管理技术、保护技术、疫病防治技术、畜产品加工制作技术等。

4. 农、林、牧机具使用技术

具体包括：拖拉机等大型农机具的驾驶、保养、维修技术，油锯、高压喷雾器的操作、保养、维修技术，其他小型机具的选购、使用、保养、维修技术。另外，还有各种电机、电器的使用、修理技术等。

5. 经营管理技术

具体包括：林业会计、统计、金融、信贷、保险、市场调查与分析、林副产品的流通、林政法规、经济预测、经济效益评价、生产经营决策、计划、组织及调控等。

6. 信息技术

随着信息社会的到来，各种信息技术也成为林业推广教育必不可少的内容。具体包括：计算机技术（计算机原理、计算机使用、保养、维护等）、网络技术等各种信息手段技术和信息分析利用技术。

7. 林区能源技术

具体包括：小水电、风力、太阳能、生物能、节能灶等技术。

8. 社会及家庭生活知识

除以上具体技术教育内容以外，更重要的一项内容应当是思想政治，党的方针、政策，公民素质，法律法规，爱国主义等内容的教育，这些应当体现在推广教育的各个方面、各个环节。

另外还应当包括家庭生活方面的知识教育，如家庭管理、家庭理财、家庭发展计划、劳动保护、家庭卫生、计划生育、儿童保健及教育、尊老爱幼、庭院绿化、仓库修缮等。

（三）林业技术推广教育的实施

1. 推广教育活动计划的制订

在深入农村进行广泛调查研究的基础上，应充分做好推广教育活动计划的制订及各种准备工作。计划内容主要应包括以下七个方面：①培训内容、培训教师、培训目的；②培训对象，包括参加人员的数量、知识基础、文化层次等；③培训地点，应考虑大多数学员能方便到达；④培训时间；⑤培训形式；⑥培训手段；⑦培训场所、设备、经费等的准备与保证。

2. 推广教育活动计划的实施

主要应做好如下五个方面工作：①活动场所、设备、经费的准备；②联系、安排推广教师；③示范、实习场所的安排；④课程或实习内容的安排，发布各种通知；⑤教育培训过程的各项组织工作。

（四）林业推广教学方法

推广教学的方法多种多样，而且各有其灵活性。当推广教学目的、内容确定以后，配合使用多种教学方法可以使所要推广的信息或技术得到最大限度的传播。在推广教学中采用的方式、方法越多，推广信息、技术传播得就越快、越广。如果几种教学手段能很好地结合不仅可使推广人员与林农的个人接触达到较好的效果，而且在许多场合，推广人员即使不在场，也可以增加推广接触的次数。

同时重叠应用两种教学方法，可以扩充教学过程的内涵，活跃教学气氛，增加学习者对教学内容的理解和记忆，提高教学效果。推广教学中选用的方法，应该注意重叠使用。例如，在示范教学时进行小组讨论，可以更有效地达到成果示范或技术示范的教学目的。此外，林农认识、理解、接受的信息和技术，主要是靠直观感受，而不是靠推理分析。实践中，应尽可能地选用成果示范、方法示范、现场指导、挂图、幻灯、电影、录像、电视等教学手段，以提高推广教学的效果。

1. 集体教学法

集体教学法是在同一时间、场所面向较多林农进行的集中教学。集体教学的方法很多，包括短期培训班、专题培训班、专题讲座、科技报告会、工作布置会、经验交流会、专题讨论会、改革研讨会、林农学习组、村民会等多种形式。集体教学法最好是对基层干部、林农技术员、科技户、示范户等分别组织，内容要适合林农需要，时间不能长。可利用幻灯、投影、录像等直观教学手段，以提高效果。

2. 示范教学法

示范教学法是指对生产过程的某一技术的教育和培训。如介绍一种果树嫁接或栽培等技术时，就召集有关的群众，一边讲解技术，一边进行操作示范，并尽可能地使培训对象亲自动手，边学、边用、边体会，使整个过程既是一种教育培训活动，又是群众主动参与的过程。注意事项如下：①一般要有助手，做好相应的必需品的准备，保证操作示范顺利进行；②要确定好示范的场地、时间并发出通知，保证培训对象到场；③参加的人不能太多，力求每个人都能看到、听到和有机会亲自做；④成套的技术，要选择在应用某项技术之前的适宜时候，分若干环节进行；⑤对技术方法的每一步骤，还要把其重要性和操作要点讲清楚。

3. 鼓励教学法

鼓励教学法是通过教学竞赛、评比奖励、林业展览等方式，鼓励林农学习和应用科研新成果、新技术，熟练掌握专业技能，促进先进技术和经验传播的教学方法。其特点是可以形成宣传教育的声势，利于林农开阔眼界，了解信息和交流经验，激励林农的竞争心理。

4. 现场参观教学法

组织林农到先进单位进行现场参观，是通过实例进行推广的重要方法。参观的单位可以是林业试验站、林场、农林户、林业合作组织或其他林业单位。其优点是通过参观访问，林农亲自看到和听到一些新的技术信息或新的成功经验，不仅增加了知识，还会产生更大兴趣。

5. "解决问题"教学法

"解决问题"的教学方法，就是推广人员利用科学、合理、可行的教学方法技巧，结合现场具体情况让林农在学习林业技能的同时，掌握解决问题的技巧，提高林农将来独立采用各种林业技术和方法的能力。林业推广过程是非正规教育过程，但并不等于没有计划或系统，开展林业推广教育活动的结果，无疑都会使林农从一些基本教育原则的知识中受益。林业推广教育还需要使基本教学原则适应那些情况各异的非正规环境。"解决问题"的推广教学方法使推广人员得以根据林农的知识基础和接受能力，把推广教育活动和林农的实践活动共同组成一个有意义的整体。在这个过程中，林业技术内容的传授实际上仅被作为运用"解决问题"教学方法的一个载体。

为什么开展林业推广教育教学活动可以采用"解决问题"的方法？这是由林业推广全过程很强的实践性所决定的。"解决问题"的教学方法不仅能够使林农学到林业技术，而且有机会学到一个过程（如何解决问题）。这是一种灵活的推广教学方法，如果使用得当，它能够大大激发林农的学习兴趣，因为它明显地增强了林农学习的目的性，而且给林农提供了将理论知识与实践充分结合的机会。"解决问题"的推广教学方法是一种比较理想的方法，它从以下几个方面出发开展推广教育：①从学习目的出发，让林农有机会运用所学的知识技能；②如果学习兴趣浓厚，那么学习动力就最大；③林农在学习中对某项活动的兴趣，主要取决于林农是否能够看到他学习活动与自己的收益这一目标之间的联系，林农对能够实际运用并与之所熟悉的情况相联系的知识技能记得最牢；④在现场通过学习把各种疑问弄清楚，推广教学活动最容易收到效果；⑤林农对于他们能够亲自参加而不是旁观或被动地听讲的推广教学活动最为感兴趣。

第七章
林业碳汇

第一节 生态学基础

一、概念的界定与研究的核心内容

在生态学发展的历史进程中，许多科学家和学者对这种理论逐渐形成了自己的理解，并开始根据这种理解对生态学的内涵和外延进行界定。最为典型和有代表性的观点认为，生态学是一门联结生命、环境和人类社会的有关可持续发展的系统科学，也是一门认识天人关系的系统哲学、改造自然的系统工程学和欣赏自然的系统美学。生态学包括自然生态学和人类生态学。其中，人类生态学主要是研究人类活动与其生存和发展环境之间关系的一门系统科学。这里的环境包括自然环境、经济环境和社会环境。因此，不论在传统社会还是在现代社会，生态学都被与生俱来地认为是人类社会可持续发展的方法论的基础。

曾对生态理论创建做出重要贡献的学者汉斯·萨克塞有一个著名观点：生态理论其实可以理解为"研究关联的学说"。生态理论总是不厌其烦、孜孜不倦地探讨"自然、技术和社会之间的关联"。这种"关联"是指一种整体性的关联，正是在这个意义上，生态观念形成了特殊的系统思维，称为"生态思维"。用这种整体性关联的思维，才能更为准确地理解、考察一定的生态系统对于其中心或主体的生态功能是否合理和良好，以此来寻求自身与各子系统、各要素之间的整体性平衡。

二、林业碳汇问题的生态学依据

传统生态学在向现代生态学演进的过程中，提出了许多让人耳目一新的见解和观点。从具体抽象的角度来分析，采用结合性的研究视角、整体性的研究思路和丰富的研究内容，是最具创意和富有价值的。这给碳汇问题的生态讨论提供了足够的理论空间，也使生态学的理论研究在碳汇问题的具体分析中获得了进一步向纵深发展的可能。

（一）基于生态学理论的碳汇问题研究视角

从结合性的研究视角来看，现代生态学在研究实验中继续关注生态现象，并积极尝试将同一领域或不同领域的不同现象结合起来，它不仅聚焦于某一个现象或现象的某一方面，而是提出了用自然科学和社会科学相结合的研究方法来分析具体问题，这是一个全新的视角。碳汇问题兼有生产力和生产关系的双重属性，前者着重探讨自然生产层面，后者重点关注经济因素和政策因素。如果单独地分析每一种属性，对相关研究者来说，也能够对自然生产中的生物量问题和经济生产中环境产品的市场化问题提出很好的思想。但一种更好的研究和分析方法是将碳汇问题的生产力和生产关系有机结合起来，即让生物量的研究为林业生态效益的市场化实践提供技术基础，同时，通过碳汇功能的市场化，实现森林生态效益价值补偿资金链的自我连续，进而将获得的收益投入林业的再生产中，生产数量更多、质量更高的林分和生物量。

（二）基于生态学理论的碳汇问题研究思路

从整体性的研究思路来看，生态理论鼓励人们用生态思维和系统思维来考察研究对象，从相互关联的元素中找到联结点，并基于联结点，考察相关元素间的区别、联系和协同作用，进而进行整体性和系统性的思考。从价值的角度考察，碳汇从生产、计量、审核、交易到管理，每一个环节都体现了劳动，都是劳动成果的凝结，都有价值。如何通过碳汇交易实现碳汇价值，需要对碳汇价值链进行整体性分析。分析结果说明，生产、计量和审核环节可以归纳为碳汇问题的技术层面，交易环节是碳汇问题的市场层面，管理则属于碳汇问题的政策层面。显然，在碳汇活动还处于萌芽期时，政策问题特别是国家的指导性政策的设计和实施，就成为影响碳汇价值通过市场手段直接实现的主要环节，因此也就成为研究的重点和关键。

（三）基于生态学理论的碳汇问题研究内容

现代生态理论展现了很多精辟的思想，这些思想为碳汇问题的展开和延伸提供了重要的分析依据。将碳汇设计成一种有市场需求的生态产品，体现了生态服务的原理；以碳汇为载体，实现了对林业发展资源生态位的不断调整和拓展，符合开拓适应原理；为提升碳汇功能，对森林生态系统进行科学经营管理，逐步提高森林的经营水平和改善森林的健康状况，正是竞争共生原理的运用。此外，现代生态学理论对林业碳汇问题的意义还体现在以下几个方面：一是生态发育原理对碳汇通量的监测和研究以及对森林生态系统不同碳库间碳交换的考察；二是循环再生原理对森林植被在生长过程中，周期更迭光合作用和呼吸作用，不断进行着 CO_2 的吸收和排放的机理研究；三是多样性、主导性原理立足于木材生产、生物多样性保护，碳汇生产等多种需求对林分做多元化划分、形成多元化格局、实现森林的多重效益。

第二节　经济学基础

一、相关的经济学概念

（一）稀缺

相对于人类的无限欲望而言，任何资源都是稀缺的。这种相对比较，折射出稀缺不是一种自然状态，而与人的主观心理状况息息相关。同时，资源的稀缺又是一个动态概念，随着社会经济的发展，特别是人口数量的不断增加，资源的稀缺问题将变得越来越严重。实质上，微观经济学所讨论的核心问题，就是研究稀缺资源在可能组合情况下的资源配置问题。因此，了解经济学特别是微观经济学，必须首先研究稀缺。

对于如何判断物品是否具有稀缺性，进而分析该物品是否具备成为商品的可能性，即凡是有人愿意付出或多或少的代价来争取多一点的物品，都是缺乏的，不足够的，那就是经济物品。当物品或资源表现出稀缺特性，人们就愿意为获取它而付出某种代价。同时，也必须承认，由于消费者偏好的存在，尤其是对公共物品的需求，有人会掩饰自己愿意为某物付出代价的欲望。所以，稀缺的内涵针对的是理性个体，而非全社会。尽管全社会的稀缺也是稀缺，但这种稀缺构不成对某种物品或资源的有效需求，虽然需求是存在的或是被故意掩饰住。只有当理性个体感到物品或资源的稀缺，人们才会为拥有该物品或资源展开竞争。

（二）公共产品

公共产品是指政府向社会所有成员提供的各种公共服务以及公共设施的总称，是那种不论个人是否愿意购买，都能使整个社会每一个成员获益的物品。公共产品是私人产品的对称，通常可以分为纯公共产品和准公共产品。纯公共产品具有消费的非排他性和非竞争性两个特征。所谓非排他性是指，只要某一社会存在纯公共产品，就不能排斥社会任何人消费该种产品，也就是说，每一个消费者都可以免费消费这种产品。非排他性与交易制度有关，非竞争性体现的是纯公共产品的技术特性。相对而言，准公共产品则是指具有正外部效应并且不完全具备纯公共产品两个基本特征的产品。这里的正外部效应说明，一部分人对某种产品的消费不仅自己受益，而且可以对不消费这种产品的人带来有益的影响。

公共产品所具有的非竞争性特征表明了社会对于该类物品或服务是普遍需要的；而公共产品的非排斥性特征则表明排他的成本很高，收费是困难的，仅靠市场机制远远无法提供最优配置标准所要求的规模。在这样的两难处境下，政府机制的介入是解决问题的重要途径。而在私人产品的提供问题上，市场机制和政府机制均是可利用之工具，但广泛的经验事实表明，在大多数情况下，市场机制提供私人产品往往比政府机制提供私人产品更有效率，主要的原因在于，在现有的技术条件下，市场机制能够通过分散化的处理方式，更为有效地解决经济过程中的激励和信息问题。所以，总的来看，公共产品理论的结论是，政府机制更适宜于从事公共产品的配置，而市场机制则更适宜于从事私人产品的配置，这实际上也就划定了政府与市场的理论分野。当然，对于介于公共产品和私人产品之间的混合产品应如何处置的问题，根据上述推理，公共产品理论也同样给出了原则性的回答，这就是根据混合产品中公共产品性质或私人产品性质强弱的不同，或近似于公共产品处置，或近似于私人产品处置，或由政府和市场共同来提供。

（三）外部性

外部性就是在没有市场交换的情况下，一个生产单位的生产行为，或消费者的消费行为，影响了其他生产单位，或消费者的生产过程或生活标准。按照传统福利经济学的观点来看，外部性是一种经济力量对于另一种经济力量的"非市场性"的附带影响，是经济力量相互作用的结果。这里的非市场性，是指这种影响并没有通过市场价格机制反映出来。如果要用函数形式来表示，外部性所说明的就是，只要某一个人的效用函数或某一个厂商的生产函数所包含的变量是在另一个人或厂商的控制之下的，就存在外部性。应该说，外部性或者叫外在效应，客观存在于社会经济运行过程中，是伴随生产或消费产生的某种"副作用"，这种副作用往往是相关者行为的非自愿结果，外部性的存在意味着资源的非帕累托最优配置。

一般来说，外部性有三种分类方法：正外部性和负外部性、公共外部性和私人外部性、货币外部性和技术外部性。正外部性和负外部性也称外部经济和外部不经济，分别被用来指从外部性中受损还是得益。如果外部性仅仅出现在一个消费者的效用函数或一个厂商的生产函数当中，它就是私人外部性；如果外部性的范围足以影响到许多消费者或许多生产者，它就表现了公共外部性的特点。货币外部性主要表现在其外部效果通过价格变化的转换形成，在市场经济条件下，这种外部性是不会导致市场失效的；而技术外部性是不能反映在价格变化或通过市场体系表现的外部现象。从与环境产品相关的外部性分析上看，主要是生产和消费上的外部不经济，尤其是生产的外部不经济，这种外部不经济都是技术外部性的形式，结果常常导致市场失灵。

二、生态经济学的思想与碳汇功能的市场化选择

（一）生态经济学思想的实质

生态经济学是生态学和经济学融合而成的一门交叉学科，它是以生态经济为研究对象的经济学理论。生态经济是一种与农业经济和工业经济相对而言的经济形态或经济发展模式，它立足于当代人类对经济与环境的辩证关系的深刻认识，强调在经济活动中节约资源和保护环境同等重要，要求经济效率和生态保护并驾齐驱。因此，解释自然的经济价值就

成为生态经济学关注的根本问题。在生态经济学的理论框架下，一方面，自然并不是一个永不枯竭的资源库和能源库，承受经济活动的能力是有限的；另一方面，对自然的开发和利用又是现实和必要的。所以，对于具有自然属性和经济属性的环境产品，单纯从生态学或经济学的角度来解释和研究，都难以找到好的答案，这就要求同时按照生态规律和经济规律的要求研究人类经济活动与自然生态环境的关系，用经济学的思维认识生态问题，用生态学的原理理解经济活动。

（二）对环境问题的生态经济学解释

环境产品具有公共产品的特性：一方面，由于缺乏促使消费者必须支付相应费用才能消费环境产品的约束机制，任何单个的理性经济人都可以免费消费这种产品；另一方面，生产环境产品是需要成本的。因此，当生产者在生产环境产品时不能通过适当的手段获得必要的补偿，外部性就产生了。其结果是，生产厂家在赚取高额利润的同时，将大量隐蔽的环境污染费用转嫁给了社会，加重了社会公共费用的负担，牺牲了公众生活的环境质量。在传统的经济生活中，由于缺乏对环境产品的认识，国民生产总值和国内生产总值都没有设立环境指标和资源指标，因此，也就不能反映一个国家的环境资源状况对经济发展的影响程度。所以，传统的经济学理论也就不能很好地解决环境产品的外部性问题。

生态经济学的诞生，使得环境产品的研究被提到议事日程上来。生态经济学以产业结构理论、产权理论和外部性理论为基础，对环境和资源问题做出了理论上的说明：产业结构理论提出，经济发展是产业结构层次不断递进的过程，经济发展初期的资源与环境问题是和产业结构低级化联系在一起的，这些问题要通过产业结构的提升加以解决；产权理论认为，产权界定是解决资源耗竭和环境恶化的重要手段，然而无限夸大产权的作用也是不合适的。因为：一方面，各种资源的产权界定的难度不一样；另一方面，在产权界定清楚的情形下，如果资源价格不适宜，仍有可能出现资源的过度开发，导致资源和环境灾难。同时，将所有资源的产权都私有化也不太现实。外部性理论认为，产品提供的手段有市场渠道和政府渠道两种，并因此出现私人产品和公共产品的分类。市场经济制度下，市场渠道显示了比政府渠道在效率和公平方面的优势，市场渠道在外部经济或外部不经济方面的不足，可以通过政策的引导和规范，实现在混合经济理论指导下的环境产品市场的有效运行。

（三）碳汇市场化的要求

作为森林生态效益的主要表现形式，森林具有吸收和固定大气中 CO_2 的功能和作用。这种效益无疑具有很强的技术外部性，在没有市场机制作用的条件下，这种外部性会使生产碳汇的资金供给得不到应有的保障，进而使得碳汇的生产和供给成为一种缺乏激励源泉的活动。在这种条件下，作为一种外部力量的政府调节和资金供应，很难从根本上解决环境产品供应的效率问题。因此，真正要解决碳汇活动的外部性问题，必须解决碳汇的市场化问题，而市场化问题恰恰又需要强有力的政策导向和支持。

当把碳汇产品视为整个林业产业发展中的一个要素来考察时，碳汇的市场化展现出了一个令人深思的前景，即市场化了的碳汇活动，可能成为林业建设投融资改革的重大突破口，并且为真正将林业产业发展与生态资源的保护相协调开辟新途径，这将是整个林业产业发展和生态环境保护事业的新亮点。理论上讲，讨论市场化问题不可能离开产权问题，特别是当碳汇被设计成一种商品进行交易时，又会习惯性地引起人们关于林木产权和碳汇产权的讨论。碳汇产权如果能够私有化，碳汇市场的构建会容易得多，但事实并非如此。考虑到碳汇交易的目的，是通过植树造林增加森林的储碳能力，不断增强适应和减缓全球气候变化的趋势。这种生态效益本身就体现了全球性和无边界性，这就是享受权。同时，碳汇项目有效期是明确规定的，因此，不一定具有所有权，拥有有效期内的使用权就能正常进行交易。如何将碳汇使用权实际上的全体所有变成名义上的个体所有，这种交换也是产权理论的要求，需要借助碳汇市场来完成。

第三节　政策学基础

一、理论的提出和概念的界定

政策是现代社会生活中使用得非常广泛的概念之一。但无论是在日常生活中，还是学术领域中，人们对它的含义并没有一致的界定，歧义颇多。国际学政策内涵表述基本上概括了它的主要含义：①政策是由政府或其他权威人士所制订的计划和规划；②政策是一系列活动组成的过程；③政策具有明确的目的、目标或方向，不是自发或盲目性的行为；④政策是对社会所做的权威性价值分配。

我国学者关于政策的定义有：《政策科学》中指出，政策是国家和政党为了实现一定的总目标而确定的行动准则，它表现为对人们的利益进行分配和调节的政治措施和复杂过程；《政策学研究》中对政策的解释是，人们为实现某一目标而确定的行为准则和谋略，简言之，政策就是治党治国的规则和方略；《政策科学导论》中对政策的说明是，党和政府用以规范、引导有关机构团体和个人行为的准则或指南，其表现形式有法律、规章、行政命令、政府首脑的书面或口头声明和指示以及行动计划与策略等。

结合中外学者对政策含义的不同表述，可以认为，政策是国家机关、政党及其他政治团体在特定时期为实现或服务于一定社会政治、经济、文化目标所采取的政治行为或规定的行为准则，它是一系列谋略、法令、措施、办法、方法、条例等的总称。政策的制定、执行及其执行的结果都是为了解决一定的社会问题，调整社会利益关系。因此，政策的本质集中表现在三个方面：①政策集中反映或体现统治阶级的意志和愿望，是执政党、国家或政府进行政治控制或阶级统治的工具或手段；②政策作为执政党、国家或政府的公共管理的工具或手段，服务于社会经济的发展和文化的进步；③政策作为分配或调整各种利益关系的工具或手段，是各种利益关系的调节器。

二、宏观政策与微观市场的相互关系

（一）两只"手"

对市场经济进行的考察发现，市场配置资源具有基础性作用，体现了效率和公平，但也存在市场缺陷与市场失灵，市场机制或者说私人经济部门的活动不能有效解决所有的经济问题，需要考虑通过政府的公共经济活动来协助解决，政府的政策干预和引导将起到重要作用。这就是人们所熟悉的"看不见的手"——市场和"看得见的手"——政府之间的相互作用。

（二）政策干预与市场配置的位置交替

协调发挥微观市场的基础作用和宏观政策的指导作用是很自然的思想，在理论上是这样研究的，在实践上也是这样操作的，但这种系统均衡思想的获得却经历了历史的漫长讨论。主要表现为政府干预论和经济自由论。所谓政府干预论是一种主张加强对私人经济活动的干预，扩大政府干预和参与社会经济活动的范围，在一定程度上承担多种生产、交换、分配和消费等经济职能的经济思想。所谓经济自由论是一种主张最大限度利用市场机制的力量，由私人来自由、自主地决定自己的一切社会经济活动，而只赋予政府履行弥补市场缺陷的经济思想。

政府干预论和经济自由论的讨论大约开始于 15 世纪末，迄今为止，经济学家对此问题的讨论已达 500 多年。在这期间，政府干预论和经济自由论贯穿于经济发展的全过程，此消彼长，相辅相成。这两种理论在历史上的地位及政策主张的实施情况大致可以划分五个阶段：第一阶段为古典的政府干预主义盛行时期，也可称为主张政府干预的重商主义时期。这种思想的实质是想借助于统一国际政权的力量建立更加自由的市场。事实上重商主义所主张的政府干预论对促进当时统一市场的形成和工商业的发展起到了很大的作用。第二阶段为古典自由主义盛行时期，也可称为主张自由放任的斯密时代。古典学派主张纯粹的市场经济和自由放任主义，对政府干预经济持否定态度。古典学派并不否定政府在经济活动中的作用，只是主张把政府的作用限制在一定的范围之内。古典经济学提出的"看不见的手"原理，即市场机制的自动调节能促使经济趋于均衡的理论，是古典经济学的代表思想和自由放任经济的理论基础。第三阶段是凯恩斯政府干预论时期。随着市场经济中垄断势力与垄断行为的形成和加强，以及经济危机的频繁和加剧，垄断竞争理论产生。该理论否定了完全竞争的现实性，提出了对市场的完善性与分配的合理性等问题的质疑，并开始要求政府干预和改善分配制度。第四阶段为新自由主义经济学。当时主要的思想流派与观点有：货币主义学派认为，市场缺陷与市场失灵固然可怕，而政府缺陷或政府失灵危害更大；供给学派指出人们通常所理解的市场缺陷并不是把问题交给政府处理的充分理由；而以科斯为代表的新制度经济学把政府与市场看作两种可以相互替代的资源配置方式，从产权理论上研究了市场缺陷与市场失灵的原因。第五阶段是混合经济理论。在现代世界各国，由于传统观念和国情的不同，自由主义经济思想与政府干预论在政策制定中的轻重程度可能不同，两者的结合方式可能不同，但纯粹的自由放任主义、无限制的政府干预主义基本上都不存在了。

（三）混合经济的政策思想

20世纪八九十年代，新自由主义力量逐渐减弱，适度政府干预思想出现新的发展，传统上倾向主张政府干预的经济学家开始承认新自由主义经济学的基本观点，某些自由主义经济学家则宣称自己现在是新凯恩斯主义者。世界各国政府一方面继续实施各种各样的经济政策干预市场经济活动；另一方面又把市场机制作为经济运行的基础条件，在充分发挥市场机制的基础上制定了经济政策。这种混合经济的思想内核，反映了人们对市场配置资源的基础作用、与政策干预经济的引导作用的本质认识和结合运用。因为，在理论上，完备的市场机制可以实现市场供求的瓦尔拉斯均衡和资源配置的帕累托最优。但是，完备市场机制的假设条件在现实经济生活中是不具备的。所以，从现实出发，考察实际性和可行性，瓦尔拉斯均衡或帕累托最优只是一种经济生活的理想状态和非常状态，市场失灵是普遍存在的。为了弥补市场缺陷，除了要努力改善市场机制外，还必须要求有政府的适度介入和干预。

三、碳汇研究的政策架构

碳汇活动的开展，源于对生态学的思考和经济学的分析，两者的结合，建立了碳汇走向市场的理论基础。通过对碳汇市场运行元素的考察发现，碳汇市场存在失灵问题，需要政策的引导和规范。于是，有了对碳汇管理政策研究的要求。显然，就碳汇的政策体系而言，需要研究的内容很多，也就是说，碳汇政策研究的内涵很广，若按价值链思想，并考虑到政策体系研究的全面性和严谨性，将有关碳汇政策整个框架体系划分为碳汇的生产政策、计量政策、评价政策、交易政策和管理政策。

对碳汇管理政策的具体分析，是紧紧抓住碳汇产品市场有效需求不足这个核心问题来展开的。为促进并逐渐实现碳汇产品的有效需求，借鉴理论支撑、技术支持和实践指导，并统筹考虑国际规则和国内实际，从京都市场和非京都市场两个角度全面地构建林业碳汇的管理政策。

第四节 森林生态系统理论基础

一、森林生态系统生产力研究的主要思想

生产力作为生态系统中积累的植物有机物总量，是整个生态系统运行的能量基础和营养物质来源，它是植物自身生物学特性与外界环境因子相互作用的结果，作为表征陆地生态过程的关键参数，构成了地表碳循环过程不可或缺的部分。它反映了植物群落在自然条件下的生产能力，是估算地球支持能力和评价陆地生态系统可持续发展的一个重要生态指标。因此，国际地圈—生物圈计划（IGBP）、全球变化与陆地生态系统（GCTE）和《京都议定书》把植被的净第一性生产力研究确定为核心内容之一。因此，考察森林碳汇，就是考察植被的净第一性生产力，就是考察森林生态系统的生物量。

森林生态系统生产力研究的核心思想是，立足于植物生长过程，全面考虑影响因子，从中选择重要指标，体现过程化、系统化，达到用有限参数说清问题本质的目的。理论的研究思路可以归纳为两种影响因子和三个碳库，以及在这两种影响因子的作用下，CO_2 在三个碳库间的循环和流动。

两种影响因子是指影响森林生态系统碳循环的干扰因子和非干扰因子。干扰因子主要包括森林病虫害、森林火灾及树木砍伐，非干扰因子里又细化为气象变量（如温度、降水、湿度等）、氮沉降及大气中 CO_2 的浓度。这样，在干扰因子和非干扰因子的综合作用下，通过植被的光合作用和呼吸作用等，就能计算出植被的净初级生产力（NPP）。这是森林生态系统碳循环的第一个碳库，即通常意义上的植被碳库。由于在整个森林生态系统当中，从自然生产的角度来看，森林植被每时每刻都在与土壤进行着物质的循环和能量的交换，日积月累便形成第二个碳库即土壤碳库；而从经济生产的角度来看，人们在实际生产活动中需要采伐木材，这样就产生了第三个碳库即产品碳库。

就植被碳库而言，首先考察的是总（毛）初级生产力（GPP），这是在单位时间和单位面积上，绿色植物通过光合作用所产生的全部有机物同化量，即光合总量，可以理解为植被所吸收的 CO_2。由于植被自身需要呼吸，而呼吸是排放 CO_2，所以需要把这部分减去。

就产品碳库而言，主要表现为木材砍伐后用作薪材、造纸等实现的短期碳储存，以及制成各种板材和家具后达到的长期碳储存。这两种情况，虽然对碳的储存时间不一样，但最终都要分解，并向大气排放 CO_2，只是排放的量不同。再结合考虑因森林病虫害、森林火灾两干扰因子的影响和作用，可以得到净生物群落区生产力（NBP）。净生物群落区生产力（NBP）是森林生态系统最终碳源／汇的实际结果，如果净生物群落区生产力大于0，就是碳汇，反之是碳源。

二、森林的生长增加对碳的吸收和固定

森林植物在生长过程中通过光合作用，吸收 CO_2，放出 O_2，把大气中的 CO_2 以生物量的形式固定下来，这个过程称为"汇"。森林的汇作用可以在一定时期内减少大气中温室气体的积累。森林每生长 $1m^3$ 木材，大约可以吸收 $1.83tCO_2$。据估计，热带森林净初级生产力为 $4.5\sim16.0\,t/hm^2$，温带森林为 $2.7\sim11.25\,t/hm^2$，寒温带森林为 $1.8\sim9.0\,t/hm^2$，耕地为 $0.45\sim20.0\,t/hm^2$，草地仅为 $1.3\,t/hm^2$。在陆地植被与大气之间的碳交换中，90% 是由森林植被完成的。草地植被和农作物也具有很强的固碳能力，但其作用是短暂的，不能将吸收固定的 CO_2 长期保存于生物有机体中。同时，许多科学家的研究也显示，在自然状态下，随着森林的生长和成熟，森林吸收 CO_2 的能力会降低，而且森林自养和异养呼吸增加，使森林生态系统与大气的净碳交换逐渐减小，系统趋于碳平衡状态，或生态系统碳储量趋于饱和。如一些热带和寒温带的原始林。但达到饱和状态无疑是一个十分漫长的过程，可能需要上百年甚至更长的时间。即便如此，仍可以通过增加森林面积来增加陆地碳储量。此外，一些研究测定，发现原始林仍有碳的净吸收。森林被自然或人为扰动后，其平衡被打破，并向新的平衡方向发展，达到新平衡所需的时间取决于目前的碳储量水平、潜在碳储量和植被及土壤碳累积速率。对于被持续管理的森林，成熟林被采伐后可以通过更新再达到原来的碳储量，而收获的木材或木制品，一方面可以作为工业或能源的代用品，减少工业或能源部门的温室气体排放；另一方面耐用木制品可以长期保存，部分还可以永久保存，起到减缓大气 CO_2 浓度升高的作用。

三、毁林引起碳排放的增加

森林被采伐和利用的过程是 CO_2 排放的过程。森林破坏会造成向大气中排放大量的碳。现在受到破坏并消失得最快的森林是热带森林。正是由于森林受到大面积破坏，以致从全球的角度来看，减少森林的破坏，避免因此向大气中排放 CO_2 已成为科学研究领域一个新的课题。这里的毁林是指森林向其他土地利用的转化或林木冠层覆盖度长期或永久降低到一定阈值以下。由于毁林导致森林覆盖的完全消失，除毁林过程中收获的部分木材及其木制品可以较长时间保存外，大部分储存在森林中的巨额生物量碳将迅速释放进入大气。同时，毁林引起的土地利用变化还将导致森林土壤有机碳的大量排放。研究表明，毁林转化为农地后，由于土壤有机碳输入大大降低和不断耕作，其碳的损失一般在 $0\sim60\%$，最高可达 75%。而毁林转化为草地后土壤有机碳的变化不明显，研究结果表明约 50% 的土壤有机碳增加，但这种变化在统计上并不显著。

四、促进碳汇自然生产的政策措施

根据森林生态系统生产力模型研究的基本思想，结合森林植被自身的生长机理，通过光合作用和呼吸作用，森林与大气间始终保持并进行着 CO_2 的交流与转换。研究证明，森林通过光合作用吸收的 CO_2 量要大于由于呼吸作用而释放的 CO_2 量。经过时间的累积，

在包括森林植被和林地土壤在内的整个森林生态系统中，以生物量的形式储存着大量的
CO_2。而且与陆地生态系统的其他组成部分，比如草地、农田相比，森林吸收并固定 CO_2 的
能力更强。因此，注重发挥森林的这种功能，需要制定促进碳汇自然生产的政策措施。碳
汇自然生产的政策措施主要应包括林业部门规章、社会舆论宣传、造林技术规程及完善相
关法律法规等。一方面，通过增加森林植被，加强森林管理，不断增强森林吸碳固碳能力；
另一方面，也要减少对森林的毁灭和破坏，尽量降低森林因此向大气排放的 CO_2，从而通
过开展有效林业活动，改善生态环境，对全球应对气候变化的国际行动做出应有的贡献。

第五节　森林经营理论基础

一、森林经营的主要思想

（一）问题的提出与发展阶段

长期以来，社会、科学、经济的影响改变着森林经营的环境，其变化的趋势形成了森
林经营观念和模式的更替。森林经营转到森林生态系统经营，折射了对当前世界林业发展
变化趋势的回应。从本质上说，森林生态系统经营的思想，为森林经营提出了新的生态途
径。通过这种新的选择，来尝试维持森林生态系统复杂的过程、轨迹以及相互依赖的关系，
并使其长期保持良好功能，从而为短期压力提供恢复能力，为长期变化提供适应性。

（二）森林经营思想的内核

森林生态系统经营的内涵主要是以生态学原理为指导，以实现可持续性为目标，重视
社会科学在森林经营中的作用，并进行适应性经营。森林生态系统经营是协调社会与经济
发展及利用自然科学原理经营森林生态系统，并确保其可持续性。徐国祯认为森林生态系
统经营本质是维持长期健康的森林生态系统和持久的林地生产力，关键是建立一个自我适
应机制。不同的专家有不同的理解和回答，有的把森林生态系统经营视为维持和加强生物
多样性保护过程，有的认为是维持土地的生态可持续性。总之，森林生态系统经营是从森
林生态系统原理出发，根据不同利用目标，在森林生态系统与社会经济系统的结合点上，
对森林生态系统实施恰当的经营措施。

（三）实施森林生态系统经营的策略

有效的森林经营必须强调森林生态系统的健康和森林生产力的持久，为此，需要对森林
资源采取科学合理的经营策略。森林资源的经营策略主要体现在生态系统经营的计划和方法，
不同于实现永续利用的策略计划。生态系统经营的计划策略和方法主要体现在：①森林经营
方案的编制需要体现基本的生态过程和期望的森林状况，以期能够评价对物种和生态功能的

经营效果。②经营方案需要反映自然干扰状况以及应对干扰的手段和措施。③经营方案中需要具有适应性管理，表现权变性和灵活性，以克服不确定性。④需要改进调查方法，获得详细的本地调查信息。⑤运用一般的营林措施，在密度、树种、区域等方面采取因地制宜方式。

二、保护现有森林的碳储存

保护碳储存是指保护现有森林生态系统中储存的碳，减少其向大气中的排放。主要措施包括减少毁林、改进采伐作业措施、提高木材利用效率以及更有效地控制森林火灾等。降低大气 CO_2 浓度，最有效的方式是减少化石燃料燃烧的排放量，而土地利用变化和林业措施则是减缓气候变化最有效的技术手段之一。由于毁林直接导致森林内生态系统的碳储存在数年内排放到大气中，因此相对造林和再造林而言，降低毁林速率是减缓大气 CO_2 浓度上升的更直接手段，因为从长远看，在某一土地上造林的碳吸收与毁林碳排放是相当的。

通过森林保护措施来保护碳储存的潜力取决于基线情景，如果全球完全停止毁林，每年可保护 12 亿～22 亿 t 碳。估计到 2050 年，减少热带地区毁林可保护 200 亿 t 碳。2000—2050 年减少毁林的碳汇潜力可达 140 亿 t 碳。同时研究显示，降低采伐的影响是保护现有森林碳储存的重要手段。传统的采伐作业对林分造成严重破坏，对保留木的破坏可高达 50%。通过降低采伐影响的措施可使保留木的破坏率降低 50%，从而降低采伐引起的碳排放。此外，加强林地土壤保护，可防止因毁林和森林火灾而导致的林地退化，同时，妥善处理林下枯落叶富含的有机碳，减少土壤有机碳的排放。

三、发展碳替代的可能方式

碳替代措施包括以耐用木质林产品替代能源密集型材料、林业生物质能源（如能源人工林）、采伐剩余物的回收利用（如用作燃料）等。由于水泥、钢材、塑料、砖瓦等属于能源密集型材料，且生产这些材料消耗的能源以化石燃料为主，如果以耐用木质林产品替代这些材料，不但可增加陆地碳储存，还可减少生产这些材料的过程中化石燃料燃烧的温室气体排放。虽然部分林产品中的碳最终将通过分解作用返回大气，但也只是把原来所吸收的又释放了，没有新增加 CO_2，同时由于森林的可再生性，森林重新生长又可吸收更多的 CO_2，避免了由于化石燃料燃烧引起的净排放。

同样，生物质燃料不会产生向大气的净 CO_2 排放，因为生物燃料燃烧所排放的 CO_2，一是量很小，二是其本身吸收的，而且还可以通过植物的重新生长从大气中吸收回来。因此用生物质能源替代化石燃料可降低人类活动的碳排放量。通过提高木材利用率，可以降低分解和碳排放速率；增加木质林产品寿命、废旧木质林产品垃圾填埋，可以减缓其储存的碳向大气排放，部分甚至可以永久保存。这些基于木材使用的措施都可以增强整个森林碳吸收链条上的能量和水平。

四、促进碳汇生产的政策措施

森林的生长受自然和经济两大因素的影响。森林生长的过程，表现了森林生物量的变化，实际反映了森林生态系统整体固碳能力和储碳水平。因此，考察森林的碳汇功能，就要着重研究森林的自然生产规律和经济生产规律。自然生产是内在基础，经济生产是外在动力，两者相互促进。森林经营的思想正是源自对森林自然属性和经济属性的全面分析，进而通过经营手段和方式的改进和创新，达到促进森林生长、维持森林健康的目标。

我国森林具有重要的碳汇功能和碳汇价值。一方面，森林资源的总量较大，吸收和固定了大量 CO_2，但林分质量较低，部分林分的碳汇功能还没有发挥出最优水平，具有较大潜力。另一方面，森林资源在不断增加，但森林破坏和毁灭的程度在近期内还难以得到有效控制，森林生态系统的整体固碳能力受碳吸收和碳排放两个因子的共同作用，上升的程度不是特别明显。因此，如何发挥森林整体固碳作用，需要对碳汇的生产进行综合研究。按照森林经营的科学思想，结合营造林的技术规程和要求，遵循适地适树的原则，改善立地条件，加强密度控制，研究树种搭配，注重灾害防治，通过严格保护现有森林资源的同时，不断扩大森林面积，逐步减少对森林的毁坏，并适时研究木材产品的利用效率，实现森林资源保护、发展、利用相结合的可持续经营。这三个方面的综合作用，将是有效促进森林碳汇增加的主要途径。

参考文献

[1]王照平. 河南林业生态省建设纪实（2012）[M]. 郑州:黄河水利出版社,2016.

[2]张建龙. 生态建设与改革发展—2015林业重大问题调查研究报告[M]. 北京:中国林业出版社,2016.

[3]刘晓光. 基于主体功能区划的林业生态建设补偿机制研究[M]. 北京:科学出版社,2017.

[4]李智勇. 林业生态建设驱动力耦合与管理创新[M]. 北京:科学出版社,2017.

[5]李政龙. 林业生态工程研究与发展[M]. 长春:吉林大学出版社,2017.

[6]于畅,程宝栋,周泽峰. 中国林业产业生态转型研究[M]. 北京:人民日报出版社,2017.

[7]张占贞. 生态林业和民生林业—山东省林业产业集群发展问题研究[M]. 北京:清华大学出版社,2017.

[8]叶金国,张云. 环首都地区生态产业化研究·以林业为例[M]. 北京:中国社会科学出版社,2017.

[9]张朝辉. 新疆生态脆弱区现代林业体系构建研究[M]. 哈尔滨:哈尔滨工程大学出版社,2017.

[10]张建龙. 生态建设与改革发展—2016林业重大问题调查研究报告[M]. 北京:中国林业出版社,2017.

[11]董秀凯. 吉林省白石山林业局森林生态系统服务功能研究[M]. 北京:中国林业出版社,2017.

[12]浙江省林业局. 浙江林业生态资源[M]. 杭州:浙江科学技术出版社,2018.

[13]河北农业大学. 林业与生态科学[M]. 保定:河北林果研究编辑部,2018.

[14]樊文裕. 林业生态建设科技与治理模式研究[M]. 哈尔滨:黑龙江教育出版社,2018.

[15]温国胜,伊力塔,俞飞. 林业生态知识读本[M]. 北京:中国林业出版社,2018.

[16]王克勤,涂璟. 林业生态工程学（南方本）[M]. 北京:中国林业出版社,2018.

[17]宋维明,薛永基,温亚利.我国西部林业生态建设政策评价与体系完善研究[M].北京:中国林业出版社,2018.

[18]温国胜,伊力塔,俞飞.基层林业干部培训教材·全国高等农林院校"十三五"规划教材·林业生态知识读本[M].北京:中国林业出版社,2018.

[19]樊京玉,闫继忠.公安院校青年学者学术文库·林业生态安全与濒危野生物保护执法研究[M].北京:中国人民公安大学出版社,2018.

[20]陈志云,王玲,徐家雄.中山市林业有害生物生态图鉴[M].广州:广东人民出版社,2018.

[21]何方.文化·文明·绿色·生态·林业[M].北京:中国农业科学技术出版社,2018.

[22]李宁.林业生态建设科技与治理模式研究[M].长春:吉林科学技术出版社,2019.

[23]王宏.亚洲开发银行贷款西北三省区林业生态发展项目竣工总结报告[M].北京:中国林业出版社,2019.

[24]杨贵军,王继飞.贺兰山林业昆虫生态图谱[M].北京:阳光出版社,2019.

[25]王军梅,刘亨华,石仲原.以生态保护为主体的林业建设研究[M].北京:北京工业大学出版社,2019.

[26]刘经伟,刘伟杰.国家林业和草原局普通高等教育"十三五"规划教材大学生生态文明实践教程[M].北京:中国林业出版社,2019.

[27]舒立福,刘晓东,杨光.国家林业和草原局普通高等教育"十三五"规划教材·森林草原火生态[M].北京:中国林业出版社,2019.

[28]甘先华.广东省林业生态连清体系网络布局与监测实践[M].北京:中国林业出版社,2020.

[29]展洪德.面向生态文明的林业和草原法治[M].北京:中国政法大学出版社,2020.

[30]李泰君.现代林业理论与生态工程建设[M].北京:中国原子能出版社,2020.

[31]严奇岩.清水江流域林业碑刻的生态文化[M].北京:科学出版社,2020.

[32]王浩,李群.中国特色生态文明建设与林业发展报告[M].北京:社会科学文献出版社,2020.